AQUARIUS

AQUARIUS

AQUARIUS

AQUARIUS

一些人物，
一些視野，
一些觀點，
與一個全新的遠景！

職場冷暴力

◎ 林煜軒博士（國家衛生研究院、台大醫院精神科醫師）

【推薦序】

一本關心職場健康的好書／郭博昭

（陽明大學醫學院副院長、陽明大學腦科學研究所教授）

台灣的地理位置處於中國大陸與太平洋之間，在歷史上也扮演著西方跟東方文化交會的角色。我們有著西方社會民主與科學素養的同時，更有著東方社會的傳統儒家思維，但這所付出的代價其實很大，只是大家可能都習以為常而沒感覺了。在日常生活中，我們常可以看到兩種文化互相交融與衝突的情形，譬如本書所提到的「職場冷暴力」就是一個例子。在許多職場中，一方面高層會鼓吹著民主跟科學等種種西方文化的美好，但是也希望下屬能夠具備中華文化溫良恭儉讓的美德，這真的是為難了大家。

本書分為三部分，是林煜軒醫師以三個專業的角度描繪「職場冷暴力」。煜軒是精神科專科醫師，也是我指導的陽明腦科學研究所博士，特別的是，他曾有任職世界最大跨國藥廠醫藥學術顧問的職涯經驗。

本書的第一部是林醫師以精神醫學最精準的人格分析，帶大家認識職場中各種病態人格特質所帶來的冷暴力。第二部則是林醫師身為腦科學博士，融會社會學理論，分析職場冷暴力的運作。特別令人驚豔的是，林醫師將著名的神經心理學理論「多元迷走神經理論」這套研究面對生命危險的生理反應，解釋飽受冷暴力欺壓的受害者，為什麼也成為助長冷暴力氣焰的共犯。第三部是林醫師以自己在跨國企業多年的歷練，以自己的親身見聞而開出最先進的職場處方。林醫師也從各種科學證據，重新咀嚼「我們公司是個大家庭」、「一代不如一代」的迷思，以及員工尾牙表演的鬧劇。

林醫師以精神醫師的專業基礎、科學家的邏輯思考，搭配深入淺出、淚中帶笑的幽默方式，來介紹這些普遍發生在台灣各種職場，但平時忌諱談論的「職場冷暴力」。讀者一方面或許可以從中得到一些療癒，但是同時也順便吸收了許多平常不易接觸到的專業硬知識，所以本書可以說是一個非常珍貴的科普讀本。

林煜軒是一位醫師、科學家與社會關懷者，他在學生時期就表現出對醫學研究的高度興趣，因此他所進行的第一個研究題目就是探討實習醫師在初次面臨巨大的工作壓力時，生理訊號的改變。從這個題目就可以看出林醫師的人文關懷。他做的很多研究都是發自於對同學、同事，甚至對同胞的關心。此後，林醫師完成了一系列超時輪班工作對身心健康影響的量化研究，並發表在各大知名國際期刊。而這本《職場冷暴力》是延續這分關懷職場健康的初衷，所做的深度質性探究。林醫師後來陸續在醫學中心與大藥廠就職，完成了博士訓練，具備了跨領域的素養與能力，也開創了各種豐富的職涯歷程。林醫師在本書中沒有介紹艱深的理論，反而是從職場的每個小故事中，結合了中西文化典故，貫通醫學與人文，這是非常有趣、好讀的一本書。

希望本書能夠成為林醫師關心職場健康的研究，發揮社會影響力的最新代表性傑作。

【自序】

職場冷暴力無所不在，卻有苦難言

我第一次暫別醫師的工作，到外商公司上班的第一個禮拜，就遇到產品經理來我的辦公室「請教」問題。我們講不到三句話便一言不合，產品經理當場拍桌子，指著我的鼻子大罵：「你來公司才不到一個禮拜，怎麼就這麼機車？」

我在跨國藥廠工作的部門，是經常需要處理衝突的學術審查。醫藥品的行銷審查，必須要嚴謹地近乎苛求，所以照規矩審查，擋到產品經理、業務代表同事們的業績獎金，幾乎是家常便飯。

有天一位同事問我：「你是精神科醫師，搞定這些人際衝突，應該特別有一套吧？」我心裡正暗自叫苦，「擋人業績獎金，如殺人父母，此仇此恨，不共戴天」，更何況在公司裡難搞的主管和同事，可不像醫院裡的病患，會讓你有輕聲細語長談的機會。

不過，這句我是精神科醫師的提醒，倒讓我養成了一個習慣：在公司裡只要遇到任何的「鳥人鳥事」，我就隨手把各種咄咄逼人的信件、簡訊截圖存檔；然後重拾精神科醫師的看家本領，把這些爛人爛事分門別類，深度解析。幾個月下來，這些職場上的牛鬼蛇神，全成了各種人格分析的經典案例：有類似殺人魔反社會人格的慣老闆，也有超會推拖閃躲飄畏避型人格的豬隊友同事。

如果你覺得書裡的哪個角色和職場中的某人似曾相識，請不必懷疑，我寫的就是你心目中的那個討厭傢伙。如果你覺得這個角色好像是我們的共同朋友，也請不要想太多，這些故事裡的每一個人物，都是結合了好幾個人的特徵虛構而成的。刻劃人物，不是為了揭發某人某事的惡形惡狀；而是想要塑造你我在職場上都常常遇到的經典問題人格。所以本書的第一部，就是介紹冷暴力的基因根源——人格缺陷，希望幫你瞭解他，處理他，搞定他！

而當我從企業界回到原本熟悉的醫院，擔任主治醫師之後，我發現這些讓人有苦難言的職場冷暴力，竟然也是隨處可見。畢竟保守傳統的公家機關，和高度競爭、人才流動快速的產業界有著截然不同的組織文化。特別是外商公司的經理人，如果在一個職位上兩、三年沒有升遷，幾乎也都會被高薪挖角而跳槽；但是在公家機關裡，在一份升遷緩慢的工作做到退休，則是常態。在公家機關凡事講究以和為貴，追求長治久安的氛圍，雖然少了業界激烈競爭的衝突，但每一分權力運作的冷暴力，卻暗藏在更多傷人的體制與職場潛規則之中。

相信很多人都和我一樣，花了很多時間，鑽研那些散見在商業財金週刊的文章，就是想要趕快弄清楚那些永遠也學不完的職場潛規則。而身為醫師，我了解這種做法就像平常很喜歡搜集健康專欄或是養生偏方的民眾一樣，這些一點一滴的知識，確實對養生保健有些幫助。但如果要像醫師能鑑別診斷和對症下藥，則必須有系統地了解整個醫學的理論架構才行。這本書的第二部「冷暴力如何侵蝕與蔓延」，就是用經典的社會學理論探討冷暴力運作的方式，以及以著名的神經心理學原理，解析、助長冷暴力的集體反應。但這本書裡不會講艱深的理論，而是用每一個職場裡的小故事，依照理論架構堆砌而成，讓你從故事中，一次搞懂職場潛規則背後運作的真相。

前年，我再次轉換跑道，離開繁忙的醫學中心，在學術機構成立自己的實驗室。

身為帶人主管，我也開始需要用各種手段「督促」屬下們的進度。每當開口「督促」下屬時，我就渾身不自在而且滿懷罪惡感；因為我意識到自己換了位置，必定也換了腦袋。在同事的眼中，我變成了以前自己最討厭的慣老闆；一定也天天成了被罵「慣老闆」的箭靶了！

就在這個自我認同錯亂的時刻，寶瓶的朱亞君社長邀請我把尾牙表演的反思、如何漂亮轉職與離職的職場智慧，這一系列精神科醫師的企業筆記集結成冊。這幾篇職場的實戰祕笈，收錄在第三部「冷暴力的檢測試劑與職場處方箋」。

於是這半年來，我像是潛心悟道的修行者，每個星期固定撥出一個晚上，靜靜回顧這幾年來職場每一分的苦難與點點滴滴，隔天上午再到咖啡館中，把這些體悟構思成章。

當本書完稿的這一刻，一股強烈卻平靜的喜悅，讓我在這個坐了六個月的座位上閉目沉思了一整天，久久才起身離去。如果這一絲回顧職場苦難後的體悟，和兩千年前菩提樹下的悉達多王子有幾分相似。那這分喜悅與這本書，也同樣不會是常樂寂靜的終點，而是和大家一起解脫職場苦難的起點。

【前言】
幫你的職場高階健檢

我永遠記得那場等了快一個月的會議。我和同梯的菜鳥們等著主管能主持公道，好分配那些被擺爛不做的工作，但老闆只是輕描淡寫地講一句：「我們公司是個大家庭，大家一起努力，不要計較這麼多！」就散會了，最後什麼事情都沒改變，大家還是各自把任務吞下來。

新進的菜鳥做得要死要活，資深的老鳥在旁邊納涼就算了，還三不五時檢討我們這些爛草莓怎麼「一代不如一代」。好不容易把案子趕完，卻又得開始準備一年比一年浮誇、難搞定的尾牙表演。等熬到確定年終獎金進戶頭的那天，終於有機會靜下心來想想，是不是該跳槽了？但這個圈子這麼小，我們又會擔心這會不會得罪老闆？而如果走不了的話，我們會不會就永遠黑掉了？

如果這些場景你也似曾相識，那麼「職場冷暴力」已經讓你的公司亮起了紅燈。「職場冷暴力」是職場上最可怕的癌症。癌症初期通常沒什麼症狀，所以很多人發現的時候，往往已經是癌症末期了。讓我們習以為常的職場冷暴力，也像癌症一樣，如果放任不管，會擴散、會蔓延、會轉移到全身，讓整間公司爛得無可救藥。

或許你覺得公司爛沒關係，我只是要賺錢混口飯吃而已；遇到慣老闆忍個幾年，撐久了就是我的了。但現在是個人才過剩的殘酷年代，在講求績效的公司裡，有多少前輩像免洗筷一樣，價值被利用完了就丟到垃圾桶裡，連資源回收的機會都沒有，更別說那些原本以為拿到鐵飯碗的公務人員，退休後卻得不到國家承諾一輩子的優厚待遇。

或許你訂了好幾本財經週刊，一點一滴地探聽職場潛規則。在難得的週末裡，還花大錢去學習各種職場求生術；但一天又一天的瞎忙加班，讓自己比較好過的，卻還是「靠北老闆」和互相取暖的同溫層。這就像治療癌症一樣，除了各種管道問來的偏方、上網搜尋到的經驗談，但其實最重要的還是每年來個完整的健檢「早期發現，早期治療」，而這本書就是屬於你的職場高階健檢。

本書的第一部是先帶你認識職場怪咖的各種性格缺陷，讀完後，你就可以分辨出你遇到的慣老闆，是屬於哪種類型。而每種類型的慣老闆，他們的缺陷是什麼，又該如何與他們應對、相處。

第二部是分析冷暴力的各種手段，以及「豬隊友」同事的反應，這能讓你精準掌握職場冷暴力的癌症是已經惡化到第幾期了，並且瞭解職場冷暴力的三要素，分別是人格缺陷、施暴手段、應對系統之後，第三部則提供了三帖養生補品和救命處方：跳槽的考量、轉職的準備，與離職的守則。

這套高階健檢和職場處方，是用我的精神醫學專業，以及多年外商顧問的經驗打造而成，但這本書不是要宣判你的職場彷若得到癌症般被判死刑，而是要讓你擁有更高明的職場醫術，找到病因，擺脫冷暴力，成為職場的自由人。

目錄

目錄

目錄

第三部：冷暴力的檢測試劑與職場處方箋

目錄

第一部

冷暴力的基因根源——人格缺陷

第一部　冷暴力的基因根源——人格缺陷

我到外商公司的第一場會議，業務處長拿著厚厚的一疊資料，除了分析業績之外，還要大家分析好客戶的人格屬性，希望一舉拿下訂單。

我是精神科醫師，對人格的分析再熟悉不過了，所以好奇地隨口一問：「大家都怎麼做人格分析啊？」

「就是四種人格特質呀，看看他們是屬於獅子、貓頭鷹、孔雀，還是無尾熊？那你們精神科醫師都怎麼看人格？」處長和其他同事們也都好奇地想與我交流。

用動物來形容人格特質，我不難想像可以對應到哪些精神醫學討論的人格缺陷。「獅子」是萬獸之王，霸道專橫，是「自戀型人格」；「孔雀」經常展現五彩斑斕羽毛，是需要舞台的「戲劇型人格」；「貓頭鷹」則象徵博學多聞，執著細節與完美的「強迫型人格」；而總是要依附在大樹的無尾熊，一定是「依賴型人格」吧！

現在非常多職場人格分析的這四種人格，其實都包含在精神醫學的十種「人格疾患」中。當然，精神醫學講的十種人格缺陷，是從精神疾病的觀點分類。有幾種太奇怪的人格特質，根本不會出現在職場。

但多年的職場經驗下來，我認為只分析四種人格特質其實並不夠，像是**非常多老闆和主管其實是心狠手辣的「反社會人格」，也有許多躲在暗處擺爛的基層員工是「畏避型人格」**。因此，我總結歸納了六種常帶來職場冷暴力的人格特質。

這六種人格特質，也有「惡性」和「良性」之分。就像醫師會把腫瘤分成俗稱癌症的「惡性腫瘤」和「良性腫瘤」，**反社會、自戀型、戲劇型是屬於「惡性」的人格缺陷，因為他們太過在意自己，不會管別人的死活。**這種沒有同理心的主管和同事，絕對會對你散發職場冷暴力，而且很難有改變他們的機會，所以我稱之為「惡性」的人格缺陷，會侵襲、蔓延、轉移，相當難處理。

而強迫型、依賴型、畏避型人格，則是太過在意所有的事情，包括自己和別人。

這三種焦慮爆表的人格，由於他們有害怕、恐懼的弱點，雖然會帶來麻煩，但相對是比較「良性」的人格。

在接下來每一種人格特質的介紹中，我先以「職場素描」來描述他們在職場中最容易帶來的冷暴力形式，再把這些表象的行為做深度的「心理剖析」，循著這些心理特質的弱點，開出應對的解方。

辨別這些人格，不是為他們帶來的職場冷暴力貼上標籤，也不是多學幾句罵人的術語，而是藉由冷靜的觀察與分析，洞察他們背後暗藏哪些易碎的玻璃心。

英國前首相柴契爾夫人，深入淺出地告訴我們了解一個人的性格為什麼那麼重要，她說：

「注意你的思想，它們會變成你的言語；
注意你的言語，它們會變成你的行動；
注意你的行動，它們會變成你的習慣；
注意你的習慣，它們會變成你的性格；
注意你的性格，它們會變成你的命運。」

分析人格，是快速了解一個人的捷徑。缺陷的人格，是他們的弱點，也是化解冷暴力的熔點。

反社會型人格

企業主管和連續殺人犯有著同樣「冷靜」與「冷血」的人格特質，精神醫學與犯罪心理學稱為「反社會人格」。

我在台大醫院曾擔任刑案司法鑑定的主治醫師，經常鑑定殺人、性侵、擄人勒贖這類重刑犯的人格特質，他們是否有精神疾病，以及人格特質與精神疾病對犯罪事件的影響。我也是國內少數具有企業界資歷的精神科醫師，有好幾年的時間，每天與商場中無數的企業主管打交道。

我發現許多主管和重型犯這兩個天差地遠的族群，性格和手段其實相差不遠；他們幹起大事來冷靜又冷血。精神醫學描述這樣的人格為「反社會人格」；犯罪心理學的書籍則稱之為「精神病質」（psychopathy），而我認為台語的「惡質」是更傳神的翻譯。確實，「反社會人格」是所有人格特質中，惡性最重大的一種，連《精神衛生法》都明定把反社會人格排除在精神疾病之外，以免被狡猾的罪犯利用反社會人格特質當做精神疾病，為自己的罪行開脫。

我曾和一位來自中南美洲派來亞太區的行銷總監Julio交手過，上任第一天，公司在韓國首爾舉辦三天兩夜的會議，他一到達飯店，便風也似地解釋宣布：「明天早上我們大廳集合！」

隔天一早，大廳外停了一部大巴士，把大家直接載去韓國有名的樂天遊樂場。做為主管的Julio不斷帶頭慫恿大家玩那些最刺激的雲霄飛車、自由落體……整天我們驚呼連連，還沒來得及消化驚恐，Julio便接著準備了盛大的晚宴款待。

我禮貌性地跟Julio打招呼致謝，「Hi ! Julio.（朱里歐）Thank you very much!」

「Hi! Yu-Hsuan（煜軒）! My name is JULIO.（呼～里歐）」他馬上糾正我的發音。Julio是西班牙名字，應該要念做「呼里歐」才對。

Julio是至今唯一一位能夠從英文拼音「Yu-Hsuan」精準唸出我名字「煜軒」的外國人。不僅如此，他連印度、巴基斯坦、泰國這些拼音更長、發音更饒舌的名字，都有辦法道地、正確地念出來。這驚人的語言天分，讓大家對他相當折服。

酒酣耳熱之際，他開始沿桌灌酒，順便灌業績，「你們香港明年業績百分之一百八十，有沒有問題啊？」「Hong-Kong 250%! Cheers!」

原以為這是酒後的玩笑，沒想到第二天開會，Julio換了一張殺氣騰騰的臉孔，將昨夜那些隨口說的百分之一百八、百分之兩百五，一一寫成具體計畫，要求達標！

頓時大家全都傻眼了。**Julio的先禮後兵，這力道下得可不輕。**

Julio同時說：「我知道你們過去的業績大部分都在灌水！你們除了塞貨，還會什麼？給我說清楚，到底實際的銷售量是多少?!」「幹嘛不好意思？做業務的就是髒！」「你們今天如果不告訴我實際的銷售狀況，下禮拜我要怎麼回美國去騙總部的那些蠢蛋？」雖然一針見血，但這大膽的說詞也讓大家傻眼。

Julio工作像坐雲霄飛車，他的感情生活也是。上任一個月後，火速娶了日本的女孩為妻，也算「深度考察」，踏實經營，深耕在地！

不到兩年，Julio在亞太區的業績連續六季全球第一，直升總部就任副總。盛大的歡送會辦完，他也辦好了離婚手續。

一個星期後，在美國總部上任的第一天，Julio又舉辦了婚禮。這場Julio和CEO千金的世紀婚禮，雖然閃電宣布，但辦得隆重盛大，絲毫不馬虎。

Julio的火速離婚和無縫接軌的閃電結婚，也證明他的企業家手腕，以及光速業績達標的效率，絕對不是浪得虛名！

反社會型人格者的職場素描

許多企業界的主管都具有「反社會人格」特質，並不只是我的臨床觀察；統計數據指出，**一般職業中最常出現「反社會人格」的前五名分別是，第一名：公司負責人；第二名：律師；第三名：記者；第四名：業務員；第五名：外科醫師。**

Julio的行事風格，有著「反社會人格」在職場上典型的三大特徵。

1.為達目的，不擇手段

反社會人格主管通常創意十足，也很會鑽法律、規定的漏洞。職場以成敗論英雄，像Julio把大家帶到遊樂場「開會」，業績做得好的叫「破壞式創新」，做得不好的，就是混水摸魚了。又如Julio根本不管公司三天兩夜的會議，不管用什麼方式，酒灌下去、業績灌下去，把重要的主管拉攏到法式餐廳，好生款待，確保業績達標就好。

2.不在乎別人的感受，我講話就是這麼直

反社會人格能心狠手辣，是因為他們缺乏在乎別人感受的同理心。在Julio的心目中，同事、下屬是骯髒的業績產生器，主管也只是被當作活該被騙的蠢蛋。Julio要求屬下告訴他實際的銷售狀況，但卻要回總部騙那些蠢蛋長官。他怎沒想過他的屬下也會有樣學樣地騙他呀！

縱然Julio是個語言天才，能在最短的時間裡記得，並且道地地念出所有來自各個亞洲國家同事的名字，博取好的第一印象，但大家很快就從這窩心的驚喜，跌落各種辱罵、奪命連環叩的精神虐待地獄裡。Julio還會結合他的語言天才和罵人本領，像我就聽過他用中文罵我的同事：「你超智障，不會做生意。」難怪我同事常說：「寧可相信世界上有鬼，也不相信Julio那張嘴。」

研究指出，網路上的「酸民」大多具有某些程度的反社會人格特質。酸民的特色就是口不擇言，到處討戰。看到不順眼的，就狂譙謾罵；有道理，但無話可說的，也要酸一句：「啊不就好棒棒？」

但有時候「酸民」立場風向對了，也會一躍成為意見領袖。我認識一位非營利組織（NGO）的發言人，就是「酸民」出身，因為一則新聞，網路鄉民喜歡他直白好

笑的嘲諷。一夜之間，他從原本怨天尤人的窩囊樣，突然變成具有一股獨特群眾魅力的網紅。

在工作上，我們最熟悉的就是那群在會議裡「為反對而反對」的人：他們平常就是喜歡口無遮攔地耍耍嘴皮，講到爽，最後再翻個白眼，補上一句：「我講話就是這麼直！」

3.炒短線的人際關係

像Julio每到一個職位，就換個老婆，這樣炒短線的感情與人際關係，雖然不符合現代社會的主流價值觀，但卻很適合在跨國企業的職場人際關係。

就我的觀察，大部分有制度的外商公司，為了鼓勵人才升遷流動，升遷與跳槽加薪的機會非常多，公司間挖角競爭人才也非常激烈，所以通常不會在同一個職位待超過三年。

反觀東方社會的人際網絡複雜，大家都有「人情留一線，日後好相見」的觀念，因此太容易怕得罪別人，做事反而綁手綁腳。反社會人格在這樣的環境裡，因為比較不會顧慮這些，反正同事就只是彼此利用來升遷、逼出業績的工具，所以反而容易有耀眼的職場成就。

反社會人格炒短線的人際關係與感情觀，其實是種生物學上的保護機制。因為反社會人格者不會恐懼而勇於冒險的特質，所以比較容易因為意外而死亡。根據統計，反社會人格的平均壽命的確比一般人短。因此他們會盡可能在短時間內和許多異性交配，用大量孕育的方式延續下一代。

我仍不免為Julio的伴侶和下屬擔心，因為有個著名大型家暴受害者研究指出，反社會人格者對於另一半出軌，往往都以痛打作為報復。他們認為這樣對方就會回心轉意，並且相信「你就會服從於我」。**在他們眼裡，伴侶和同事都不是人，只是他們的所有物。**

反社會型人格者的心理剖析

科學家們長期研究反社會人格，歸納他們有以下幾個很重要的生理與心理特質：

1.異常冷靜的生理反應，心跳特別慢

一般人心跳一分鐘約七十二次，**反社會人格的心跳則比一般人慢很多，一分鐘可**

能只有五十至六十次。他們面臨壓力時，心跳也不太會變快。香港大學曾研究過，常闖紅燈的學生，心跳速度比較慢。換句話說，常犯規的人，心跳速度比較慢，比較不會緊張。壞事可不是人人都幹得起的。

心跳加速是人類面臨危險的生理反應，例如當我們要做高空彈跳這類危險的事情，或殺人搶劫這種違反道德規範的行為時，心跳會加快。這種生理反應是一種保護機制，因為心跳加快時，我們會伴隨胸悶、喘不過氣、冒冷汗等讓人不舒服的生理反應，但這也會讓我們停下來思考：真的要高空彈跳嗎？搶他的錢會不會馬上被抓？但**反社會人格有著異常冷靜，不會緊張、恐懼的特質，讓他們更容易做出冷血的驚人之舉。**

更有研究指出，如果反社會人格的罪犯心跳比較慢，反省、改過的機率也比較低。生理學研究也發現，反社會人格的眨眼次數低於一般人，「殺人不眨眼」確實有科學根據，而許多老闆的冷血，其實不是久經事故，而是與生俱來的。

2. 天生少了「恐懼」的情緒

反社會人格者在工作、生活休閒上都喜歡追求刺激，像Julio到遊樂園，專挑雲霄飛車、自由落體這類遊戲，其實是**源自於他們天生少了「恐懼」的情緒**。

大腦核磁共振掃描研究發現，反社會人格的大腦深處掌管驚嚇、恐懼等負面情緒的「杏仁核」（Amygdala）比較不活躍。用腦神經科學解釋，俗話說的「神經比較大條」，應該要說「杏仁核比較不活躍」才對。

美國聯邦調查局研究發現，把負責拆炸彈的特務，分成多次拿過表揚勳章的「授勳組」和表現平平的「一般組」比較，「授勳組」的拆彈專家，更有面臨緊張不會慌亂的冷靜特質，而且他們的心跳也特別慢，這正是反社會人格典型的心理與生理特質，也是他們在緊張的倒數計時聲中，能夠成功拆除炸彈的祕密。

這也可以理解為什麼「反社會人格」特質較明顯的前五名職業，分別是公司老闆、律師、記者、業務員、外科醫師，他們的工作都有一個共同點——面對群眾和危險，如果還能保持冷靜，甚至冷血，工作表現想必會特別好。

3. 沒有羞恥心的利己主義

本世紀法國最著名的大盜法伊德，最近再次戲劇性地駕著直升機逃獄成功。法伊德幹過所有的壞事，是典型的反社會人格。幾年前他假釋出獄後，突然變成到處演講、上電視節目高談監獄故事的名嘴，還出了一本暢銷書，發了筆橫財。

有次在電視節目上，法伊德被問到一個尖銳的問題。「你有沒有可能會再次犯案、重操舊業？」

法伊德回答得漂亮：「我心中的魔鬼，他是已經死掉，而不只是睡著了！」其實在這同時，他和手下們又幹下搶劫殺警的大案子，因此很快地，法伊德又被捕入獄了！

法伊德有著反社會人格典型的強烈利己主義，他假釋出獄後到處演講時，想的不是要如何改過自新，而是如何藉機出名撈一筆。反正被關進去，人還是出得來，在監獄也能發大財！同樣的道理，強烈利己主義的特質讓反社會人格的主管，就像Julio一樣，更敢冒險放手一搏，因此業績一路長紅。

反社會人格的綁匪，在擄人勒贖的時候，可能滿腦子只會想事成之後可以賺多少錢，而不太考慮犯了這樣的滔天大罪後，被抓到的機率有多高，更沒想到要被關多少年。像法伊德這樣反社會人格的大盜，在連續犯案出獄後，他們學到的教訓，只有下次要怎麼更小心，不被抓到，或是逃獄的技巧如何更高明。

強烈的利己主義，讓反社會人格的罪犯或主管不會因為受罰而得到教訓。他們總是只看到一件事帶來的利益，而不太考量壞處。改過向善、重新做人，從來就不是他們的選項。

與反社會型人格者的相處之道

反社會人格的主管為什麼會這麼多？這樣「惡質」的基因，怎麼不會被社會淘汰掉呢？

其實從古到今，**「反社會人格」在人類的「社會」中，一直穩定的以百分之三到百分之四的比例生存下來**，可能幾千年來都沒有改變過。因為有反社會的個人雖然不易生存；但有適量反社會人格的群體，卻比較容易生存下來。

人類學研究調查原始人的部落，大概都是每二十五到三十人的群聚部落。反社會人格百分之三至四的盛行率，就表示這樣每二十五到三十人的部落裡，就會有一個老是愛唱反調的傢伙。同樣的道理，職場上一個三十人左右的部門，大概也會出現一位老是為反對而反對的同事。

如果部落裡有個反社會人格老是興風作浪、挑戰遊戲規則、遊走法律邊緣，其他人就會集思廣益，想辦法找出好的策略應對，像是偷錢要罰，搶錢的要被關幾年，殺人的要判死刑……透過不斷討論，訂下嚴謹的規範和可靠的制度；一旦外族入侵，這個有反社會人格的團體，很快就能有效率的團結對外，而生存下來。

反之，如果這部落沒有一個「魔鬼代言人」，每一個都是好人，大家都循規蹈矩，也不會發展出好的法律與制度；如果遇到敵人攻打入侵時，這個部落沒有好的制度，平常也很少集結動員，根本沒有防禦能力與戰鬥經驗，很容易就會瓦解、被消滅。

所以，**反社會型人格對個人來說也許是不好的基因，卻是促使團體進步的因素。**有「反社會人格」者的團體，比較容易生存下來，反而不會被淘汰，就像現在的政黨政治，或許有藍綠惡鬥，或許有很多為反對而反對的討厭鬼，但卻能讓政策越辯越明。站在團體角度來看，這是能夠延續生存，進步的動力。

所以，如果你是主管，應該知道怎麼好好利用「反社會人格」的同事了吧！有幾個具體的建議，可以讓這些反社會人格的下屬的付出更有助益，讓你的團隊更好。

1. **安排他們當審查員**：當公司提出一個制度，就由喜歡鑽漏洞的員工審核判斷，相信這能馬上抓得出漏洞，因為**他們就是會鑽法律漏洞的一群人**。從另一個角度看，他們能使制度變得更好，是讓公司進步的資產。

2. **行銷宣傳，打頭陣**：西點軍校心理學教授戴夫・葛斯曼曾說，每一百位訓練有素的軍人當中，能在戰場上毫不猶豫地開槍殺敵的，可能只有一人，這說明真要做一些有衝勁的事情時，其實是非常困難的。

而反社會人格特質的人，簡報技巧常常特別好，可讓他們擔任行銷宣傳。很多人面對大客戶做簡報時，很容易因緊張、失常而搞砸工作，但**反社會人格有心跳不易加速的先天生理反應優勢，還有不會恐懼的超強心理素質，甚至因為他們喜歡誇張、渲染的特點而能產生意外效果。**

3. **相信他們對高風險的判斷力**：此外，如果你是高階主管，儘管反社會人格者有很多缺點，但千萬不要以人廢言，他們有不容易受情緒左右的優點，而喜歡「高風險、高報酬」的冒險精神，可以為公司創佳績。

但如果你的老闆是反社會人格，你可要皮繃緊點囉！我們還是可以從他強烈利己主義的心理特質下手，抓住他們在乎的利益，小心翼翼地用利益交換來運作彼此的職場關係。除此之外，也請謹記「上班好同事，下班不認識」，免得被他額外多加利用。

魔王的影子

再次聽到Julio的消息，他已經是另一家公司的CEO了！我真為那些受過Julio荼毒的同事們慶幸，還好Julio升遷得快，和他共事雖然痛苦，但這一份劇痛相對短暫。

雖然以Julio的能力和手段，他的職涯能如此順遂，並不意外，但我相信Julio的平步青雲，更是當今企業文化下，這個共犯結構有意的安排，因為像Julio這種特質的人才，被跨國企業指派到一個地區，往往能大刀闊斧地整頓，快速提升業績。

確實，在越需要改革的時代，越需要這種「破壞式創新」。五百年前，日本戰國名將織田信長自稱「第六天魔王」，已為他帶來破壞式創新的一生，下了最好的註腳。

「第六天魔王」是佛教傳說中的終極大魔王波旬，有著與佛陀同樣強大境界的破壞力。遙想「第六天魔王」當年火燒比叡山，屠殺長島城的血腥手腕，在今天的職場雖已不復見，但Julio的舉手投足，卻讓我依舊看得見，那魔王的影子。

自戀型人格

你一定罵過別人「自戀狂」，你也一定被「自戀狂」罵過。除了一看就知道的「狂妄型」顯性自戀，還有更多「膽小型」的隱性自戀，讓你不知不覺地「犯小人」。要找出那些躲在職場暗處的「膽小型自戀」前，我們先來深度解析「狂妄型自戀」的經典自戀狂。

狂妄型自戀人格者的職場素描

我有次拜訪合作廠商的一位王總經理，那天正是王總新上任的第一天，他剛好要去工廠視察。我和王總剛一起坐上二十人座的小巴士，王總便發布了身為第一天總經理的第一道命令：

「所有人全部給我下車！」

司機雖然覺得莫名其妙，但也只得把車上其他十幾名員工都趕下車。傾盆大雨中，幾位沒帶傘的同事們互相擠在一把小傘下，大家都得等一小時後的下一班車。不過這幕尷尬的畫面並沒有在我眼前停留太久，就變成王總專車的小巴呼嘯而去，激起了一片水花。

王總對我說：「真不好意思啊，我上車才想到今天我是總經理了，怎麼可以跟一般員工一起搭車呢？這樣太沒格調了！」王總一邊蹺起了二郎腿，一邊點了根菸，優雅地朝我吐了一片雲霧。

我厭惡菸味，但想到自己還有幸沒被趕下車，我一路沉默。外頭的雨，滴滴答答打在窗上。

1. 索求無度的特別待遇

狂妄型自戀人格最大的特徵，就是深信自己與眾不同，所以他們也該擁有和自己身分、地位相配的特權。他們挑剔配車的性能、講究辦公室的擺設，他們尤其在乎排場。他們需要不斷提醒所有人：我跟你們不一樣！

狂妄型自戀人格，在東亞文化圈的家族企業俯拾皆是，像是近年來大韓航空惡名昭彰的兩位千金。

大千金因為一包堅果沒有為她打開，放在盤子裡，就要空服員下跪道歉，還讓本來在跑道上準備起飛的飛機開回登機門，把座艙長和空服員趕下飛機。

最近二千金因為在會議中對廣告代理商飆髒話、砸水瓶，又鬧上新聞。她們狂妄、囂張的態度，引發韓國民眾巨大的反彈，甚至要求韓航不要再以韓國的太極國徽作為韓國航空的標幟，以免讓國家蒙羞。縱然輿論沸騰，但那位座艙長依然沒得到社會期待的公道，他依舊在韓航工作，做的是最低階的清潔與掃廁所。

這種家族企業和官僚階級嚴密的東亞組織文化，特別容易成為狂妄型自戀人格對特權索求無度的溫床。

2.無可救藥的自以為是

我在醫院實習時，有次跟隨一位外科名醫進手術房。開刀前，醫師得先「刷手」，這個步驟非常重要且嚴謹，因為醫師在開刀的時候，可要把他的雙手伸進病人的內臟。如果雙手不是無菌的，那等於直接讓原本就已經虛弱的病患染上病菌了。

刷手流程必須非常嚴謹，也會讓整隻手刺痛無比。先用優碘肥皂液消毒雙手，再用很硬的刷子，刷過每根指間、指頭、指縫，以及上臂，每個部位都必須要來回刷上二十次以上，而且各用兩支刷子將以上的動作重複兩次。接下來由助手幫忙穿上無菌衣，套上兩層無菌手套，才能站上手術檯。如果整個過程稍有不慎，或被其他「有菌」的東西汙染到，整個複雜的流程得從刺痛的刷手再重來一次。

我早有耳聞這位名醫刷手「隨興」，但沒親眼目睹。那天，我們一起在刷手槽刷手，我才剛開始刷而已，他就準備走進開刀房，要護理師為他戴上無菌手套。

我看了非常驚訝，委婉地問：「老師，一般我們刷幾次手比較好？」

他竟然講了句堪得諾貝爾醫學獎的經典：「都可以啦，你們剛來外科實習，就照規矩好好學，**像我這種天生的外科醫師，本身就是無菌的啊！**」

3. 我是神，我無所不能

歷史上狂妄型自戀的人物中，拿破崙是經典代表。拿破崙的戰力有多強呢？有個客觀的數據分析，可以證實他確實是一代戰神。近代知名的數學家亞希特（Ethan

Arsht）分析古今三千五百八十場戰爭，量化統計六千六百一十九位中、外將軍的排名。

排名第一的拿破崙得到十六點七分，遙遙領先排名第二的凱撒大帝七點四分，也就是如果給拿破崙滿分一百分，全世界都找不出及格的將軍了，因為第二名的凱撒大帝也只能拿到不及格的四十四分。歷史上的常勝將軍麥克阿瑟、三國的周瑜更看不到車尾燈了，他們大多在一至兩分左右，而諸葛亮和民國初年的名將白崇禧還只拿到負分。

難怪拿破崙最著名的一句名言是這麼說：「在我的字典裡，沒有『難』字。」

拿破崙的汗馬功勞，確實配得上他的自戀。在他登基加冕為皇帝時，還做了件震驚歐洲千年傳統的創舉。千年來，歐洲所有的帝王都是由教皇加冕，一方面這是君權神授的象徵，另一方面，信奉基督教的西方世界相信，一位偉大的帝王，縱然功勳蓋世，人終究是要臣服在神之下的。

然而，當教皇舉起皇冠為拿破崙加冕時，拿破崙竟然直接拿過來戴在自己頭上，就在教皇驚呆的這一刻，拿破崙無視身邊的教皇，繼續為他的妻子約瑟芬皇后加冕。

一八〇四年十二月二日的這一刻，被首席宮廷畫師大衛畫了下來，珍藏在今天的羅浮宮裡。拿破崙這樣告訴全世界：「我，就是神。」

4. 跋扈的雄獅領導人

「拿破崙」這個名字在義大利語的意思是「荒野雄獅」，很多企業人格測驗中的「獅子型人格」，其實就是「狂妄型自戀人格」委婉的說法。

狂妄型自戀者把自己當做是神，其他人自然不可能和他平起平坐了。狂妄型自戀者眼中只有自己，全然不會注意別人的感受。想當然爾，這樣雄獅型的領導人眼裡，沒有合作的夥伴，只有聽命的奴才。

我親耳所聞那位「本身就是無菌的外科醫師」的另一句名言。那年，「無菌的外科醫師」四十出頭就升上了外科教授，在尾牙宴上敬酒、道賀聲，自然不絕於耳。

有位退休的老教授半開玩笑地調侃他：「人生七十才開始，你何必那麼辛苦，不到四十五歲就拚上教授？你倒說說看啊，今年當上教授，享受到了什麼特別的好處呢？」

「無菌的外科教授」臉不紅氣不喘地說：「你看看，當上教授，才有這些全科部的美女住院醫師們，輪流幫我倒酒啊！」「你剛剛有沒有數數看？為了拿我這限量五個教授紅包爭著來獻吻的，有多少人？」

當時亂哄哄一片，「無菌的外科教授」是否因酒精催化如此性別歧視，已不可考，但**在狂妄型自戀者的眼裡，人才也只不過是奴才**，這絕對是千真萬確的。

再說那位把所有員工趕下車的王總。我早聽說他在還沒當上總經理前，就有著獅子型領導人的共同特質。每次開會總是不耐煩地打斷別人，狠狠地批評這些報告的下屬沒準備，講話沒有重點，只是來浪費他的時間。

那天和王總開會後，他跟我聊到他最喜歡的企業家比爾・蓋茲。王總很羨慕比爾・蓋茲開會的時候，即使是微軟資深的高階主管，也不能直接對比爾・蓋茲報告，而是需要透過一位「翻譯官」，幫想要對比爾・蓋茲報告的人，先整理成比爾・蓋茲熟悉的方式，才不會浪費比爾・蓋茲的時間。不像王總自己的下屬，怎麼教都教不會，總是浪費自己的時間。

「今天總算升上總經理了，我也應該要招聘一位『翻譯官』才對。」

這是雄獅領導人王總目前最大的心願，我想這也是王總屬下們的心願：雖然大家都是講國語，但我們確實需要一位「翻譯官」來告訴他，這個自戀狂有多難溝通！

膽小型自戀人格者的職場素描

跑業務快十年的Nancy坐下來，把玫瑰金iPad往桌上一丟，迫不及待地跟我說：

「最近真的有夠衰，連去上個課都會碰到小人！」

命理我是不會算，但小人的性格我倒是會看，不如讓我來「解盤」看看。話說她報名了一堂百萬講師「小哥」的課。「小哥」是在業界教「第一次跟客戶聊天就上手」的超級名師。他外型俊美，神似小哥費玉清，所以大家就尊稱他「小哥」。名師極少開課，且只開十個人的小班課程，所以報名訊息一出來，馬上就額滿。

「好不容易去上課，卻莫名其妙地被我的iPad搞砸了！」

原來那天Nancy也是這樣把iPad放在桌上，沒想到整場課堂就被盯上。

小哥走上講台，第一句話劈頭就說：「Nancy，你先來示範看看。如果你和客戶第一次見面，她也掏出像你這款亮眼的玫瑰金，你該怎麼和她聊？」

原以為這是百萬講師的破題，但不是，接下來，小哥話題裡不斷扯到iPad。

「哇！你怎麼會選玫瑰金?你這套洋裝和玫瑰金iPad很搭喔！」「除了聊顏色玫瑰金，你還可以跟客戶聊iPad啊!最近天氣冷，你還可以藉這個機會關心客戶『一定iPad（愛配）溫開水』。」

小哥上課根本沒什麼料。三個小時的課，有一半以上就一直鬼打牆在聊玫瑰金iPad，語氣裡面極盡諷刺、酸意。剛開始她還陪著笑，後來整個心都涼了……

聽到這裡，我笑了：「Nancy，不如我來幫你補一堂『第一次就看懂膽小型自戀人格』的課吧！」

像「小哥」這種膽小型自戀者的性格，在職場上其實很常見，但不容易發現，因為他們是隱性的自戀。**我們很容易看出公司裡面誰是狂妄型自戀，但膽小型自戀的人比較不容易察覺**，也因此像Nancy這樣莫名其妙犯小人的情況，通常是因為觸怒了膽小型自戀人格者纖細敏感的神經，而遭到他們幼稚的反撲。

1. 睚眥必報

有句成語叫做「睚眥必報」，形容的就是膽小型自戀人格最常見的一種反應。「睚眥必報」的意思是說，你一個不經意的眼神，會被他們過度敏感地解讀成對他們的不在乎、不尊重，甚至不屑；在他們收拾完碎了滿地的玻璃心之後，一定會逮個機會，好好找你算帳。

膽小型自戀者同樣活在自我中心的世界裡，用高傲的姿態安靜、敏銳地監視著

所有人對他的一舉一動，特別是每一個眼神。他渴望自己的特別，也認為自己的特別應該獲得特別的尊重和特權。但他的自戀總是如此的隱微，不像王總那樣狂妄地把其他員工趕下車，他們可能一路生著悶氣，忍耐著心裡極度的不悅，然後盤算著哪個時機，再好好「教育」你，學會尊重兩個字怎麼寫。

Nancy只不過是拿出一台iPad，但這對小哥來說，就是一種冒犯，這就是膽小型自戀者的「睚眥必報」，這**其中有著兩個重要的元素：強烈的人際敏感度與易碎的玻璃心**。於是，即使是再無心的眼神飄移，即使是不經意的嘴角微動，對他們來說都是一種批評，也是種不夠尊重，甚至充滿敵意的挑釁。

如果說狂妄型自戀者，是過度幻想自己的獨特與完美，那麼，膽小型自戀者則是費盡心思地想從周遭所有人對他的迷戀與尊敬，證明心中那獨特又完美的自己。

當他一旦發現苦心建立的完美國度被隨意踐踏，他們便會想盡各種辦法教訓、報復這些只是無心路過的路人。他們人際敏感度極強，重視自己的形象，所以總是偷偷暗算，但往往換來的是殘酷的現實，還有一次又一次破碎的玻璃心。

2. 上台恐懼症

膽小型自戀的人因為太重視每次在別人面前能有完美的表現，這種患得患失的心理，使得上台演講或單獨表現的機會，都引起他們極度的焦慮。

即使像「小哥」這樣的百萬講師，卻神祕兮兮地很少開課，因為每次演講，可能都造成他們極大的心理負擔。由於他們的人際關係敏感度很高，又有顆玻璃心，所以只要台下觀眾的反應不如他們的預期，他們就會受到很大的打擊。

我在就讀博士班時，曾目睹一位教授在課堂上，一邊不安地望著台下滑手機的學生，一邊胡言亂語地講著邏輯不通的實驗原理。最終這位教授突然咆哮了起來，吼著叫所有打開電腦、手機放在桌上的學生都滾出教室。其實當時很多學生正在用電腦做筆記，或用平板、手機查這堂課的相關資料。

我還有位膽小自戀的學長更是經典。十年前，我和學長同台競爭一次口頭宣讀論文獎，我幸運地得了獎，而學長卻中箭落馬。此後，我們又有兩、三次同台發表論文的機會。第一次時，他竟然找自己剛考上研究所的老婆代打報告。我原本心裡納悶要找代打，好歹也要找個研究領域相同的吧。後來幾次發現他只要有與我同台的機會，就刻意缺席或找助理代打。

學長的同台恐懼症，是膽小自戀人格者的經典反應。他們自戀，但同時也擔心自己的自戀不堪一擊，所以一旦有出現會奪走他們風采可能的競爭者時，他們更會選擇逃避，以避免落下風的恥辱。

從此，我知道自己傷了學長的玻璃心，所以盡可能地閃他遠一些，畢竟明槍容易躲，暗箭最難防啊！

3. 吹噓身價

「我跟你們院長很熟！你們主任，我也認識！」這大概是醫院裡最常聽到的一句吹牛吧。稍有經驗的醫護人員聽到這種話，大都習慣地當做耳邊風。這種狐假虎威的吹牛，也是膽小型自戀者的重要特徵，而且他們吹噓的程度，幾乎可說是到說謊。他們為什麼要這樣做呢？

因為膽小型自戀者並沒有狂妄型自戀者那般的自信，狂妄型自戀者對自己的能力和特權是深信不疑的，但**膽小型自戀者比較常用攀親帶故，以強調自己血統的純正，來證明自己的與眾不同**。他們很重視師承、強調學歷，開口三五句便講起曾經和哪些赫赫有名的大師學習共事過，吹噓自己是這些優良傳統的繼承人。

我對「小哥」印象最深刻的，就是他在演講中常常強調自己為什麼很少開課。「現在很多大企業的講師，都叫我盡量少講一點。如果我像十年前那樣，三天講一場，全台灣大概有一半的企業講師都要沒飯吃囉！」

而那位死也不願意和我同台的學長，曾和我的老師學習過。有次我和學長一起搭電梯，他寒暄了幾句：「你應該知道我和你的老師很熟吧！前幾天我在研討會上遇到你老師，他很關心你過得好不好。」

當下我便知道這是句謊言，因為我昨天才和老師聚餐，老師正好跟我提到：「你那位學長這幾年都在做什麼研究啊？先前他在數據分析上遇到了一些瓶頸，不過，這兩三年來他都沒回來實驗室問我了。」

終究來說，膽小型自戀和狂妄型自戀的差別就在於：他的膽小，是因為他的能力配不上他的欲望！

自戀型人格者的心理剖析

不管是狂妄型自戀或膽小型自戀，在職場打滾久了，都不難觀察到他們有兩個共同的心理特質。

1. 外強中乾的自信與霸氣

不論狂妄型，還是膽小型自戀，他們都覺得自己是當今的神人或是蓋世英雄，且讓我們看看兩千年前，曹操和劉備是怎麼評價在這個亂世之中，誰是真正的英雄。

用現在的話來說，劉備是這麼認為的：「袁紹家世好，從阿公那輩開始就已經是富二代了（四世三公），而且還有很多厲害的高階經理人和合作廠商（門多故吏）；袁紹的公司坐落在最精華的蛋黃區（今虎踞冀州之地），念過EMBA和博士學位的主管又很多（部下能者極多），如果要講到真英雄，應該非袁紹莫屬吧（可為英雄）！」

但曹操卻指出袁紹性格的核心問題：「袁紹這個人啊，看起來很有氣勢，但其實是個膽小的孬孬（色厲膽薄），每次開會做重大決策時，搞了老半天，都說要回去再多想想（好謀無斷）。這種沒有放手一搏的拚命精神（幹大事而惜身），還常常被一些蠅頭小利迷得暈頭轉向（見小利而亡命）。這種草包，算什麼英雄好漢（非英雄也）！」

想想看，曹操和劉備所描述的袁紹，是不是和那些靠著裙帶關係，汲汲營營爬到高位的慣老闆有許多相似。

2.易碎的玻璃心

心理學有個描述自戀人格玻璃心的專有名詞，叫做「自戀創傷」（narcissistic injury）。項羽的失敗，就是敗在他的「自戀創傷」。

項羽和拿破崙一樣英雄蓋世，他是中國歷史上最典型的自戀型人物。原本在楚漢相爭占盡上風的項羽，最後怎麼一夕垮台，四面楚歌地敗給劉邦，是個千百年來史學家津津樂道的歷史謎團。

起初，劉邦算是項羽的部下，他們在秦朝末年的亂世一起打拚，就在大秦帝國滅亡後，項羽論功行賞，分封諸王。但實際上，這次分封諸王卻全憑項羽一時的喜惡偏見，毫無政治頭腦。特別是當時身為項羽部屬的劉邦破了秦朝國都咸陽城，攻打下這個指標性的帝國心臟，卻刺痛了項羽的玻璃心。項羽心裡想著：劉邦再怎麼說，也應該把打下首都這個面子，做給身為老闆的項羽我才對呀；這樣千百年後，所有的歷史書上不就都說大秦帝國是劉邦滅的，而不是我項羽的功勞嗎？

項羽顧不得劉邦好歹也是立下汗馬功勞的得力助手，先是來硬的設下鴻門宴要殺了劉邦不成，再來軟的把劉邦分封到最偏遠的漢中，做個偏鄉後山的「漢中王」。

劉邦聽到這「漢中王」的安排，自然氣得七竅生煙。但此時幕僚們連忙苦勸這時實力還無法與項羽抗衡的劉邦，能到漢中養精蓄銳，收攬民心，總比在項羽眼皮底下，一舉一動都被放大檢視來得好。劉邦表面上乖乖聽從項羽分到漢中這偏荒之地的決定，趁機躲開項羽憤恨的眼光，悄悄壯大自己，以合法掩護非法，最後擊敗項羽，一統天下。

與自戀型人格者的相處之道

1. 如何拒絕自戀型的主管？

狂妄或膽小型自戀的主管，通常都會好大喜功地指派一些錦上添花的任務，但這些任務常常都是天馬行空，要做到他們幻想中的理想成果，幾乎是不可能的事情。所以這些任務通常都是額外的工作，所以要拒絕他們，通常都還算師出有名，但如何巧妙地拒絕自戀型主管呢？**關鍵就在緊扣著他們的玻璃心，再以讚揚他們的遙不可及來做為藉口。**

（1）**不要當面拒絕**：當面拒絕會刺傷他們的玻璃心，就算是任何委婉、好聽的說詞話術，也會刺傷他們，所以最好的藉口就是憂心自己能力的卑微，配不上他們的崇高，所以為了慎重起見，懇請對方給自己幾天仔細想想。

（2）**一定要用e-mail回絕**：寫給主管的信，同樣是兩個重點：一是因為自己的能力不好、工作效率不佳；二是深怕拖累這個偉大的任務，或是拖延進度。

就我的經驗，我可以向你保證，自戀型主管絕對不會回信。e-mail提供了一個讓自戀型主管收拾玻璃心的時間與空間，所以當信寄出去，你八成就沒事了。

（3）**見面時，裝做沒事就好**：下次再見面時，你也別再提先前的婉拒，因為這可能再次傷了自戀者的玻璃心。不過，有時候自戀的主管會心虛地說：「啊！上次跟你提的事，你如果忙沒時間做，也沒關係啦！」你也不必再多做回應，就快速轉移話題，以免越描越黑。

2.與自戀的同事保持距離，千萬不要反擊

我有位同事Leo，是他讓我開始對「英文姓名學」感興趣。他人如其名，和Leo的字源Lion（獅子）一樣，總是眼睛長在頭頂上，對同事愛理不理，但遇到長官，獅子

就變成小貓了。

有一次年度考核，我要填一堆表單。很多格式，我不知該怎麼寫，我乾脆問祕書，有沒有範本可以參考。祕書隨手把Leo去年的檔案寄給我，我因此有幸目睹Leo的「豐功偉業」：所有的行銷策略，都是Leo「指導」的，我自己被他「指導」了二十一次；連我們亞太區的主管，也分別被Leo指導了四、五次。

若在職場上，遇到像Leo這樣的同事，千萬別以為你跟他有合作的可能性。他們有很高的機率是自戀型人格，不會在乎別人的感覺，而且常常對同輩的同事們充滿敵意和嫉妒心。**在他們眼裡，同事不是對手，就是棋子，絕對不可能有什麼「公平交易」的合作。和他們保持距離，是以策安全的第一步。**

如果你也像Leo的主管或同事，經常被「指導」吃豆腐，那麼，也一定要戒急用忍，千萬別想逞口舌之快，反將他一軍，更不要浪費時間去想，哪天我業績比他好，官做得比他大，再來好好修理他。因為一旦碰觸到他最敏感、自戀的玻璃心，屆時，他對你明槍、暗箭齊發，你可就吃不完兜著走了。

好在這些自戀型人格有一個共同的特徵，就是他們外表光鮮亮麗，但私底下看他們不爽的人到處都是。哪天惡馬自有惡人騎，就不差我補這一刀了。

沒有人，也沒有魔鬼跌得這樣深

自戀型人格幻想中的世界宛如萬花筒一般，但似乎無論走到哪裡，見到的都始終只有華麗卻孤獨的自己。他們總是孤傲地享受自己的與眾不同，而功成名就的光環，加深了他們對自己擁有異於常人超能力的幻想——認為自己是無菌的外科醫師，字典中沒有「難」字的拿破崙——都是被這無可救藥的自戀衝昏了頭。

我們當記得詩人拜倫對拿破崙的惋惜：「沒有人，也沒有魔鬼跌得這樣深！」

戲劇型人格

在總裁生日的這一天，柔姊煞費苦心地精心布局。當總裁一走進會議室，剎那間，昏暗的燈光瞬間全亮了起來。在一片歡呼聲中，音樂響起。柔姊親自送上蛋糕，拉炮聲不絕於耳，總裁開心極了。總裁和大家一起吹蠟燭、吃蛋糕，度過一個非常愉快的下午茶慶生會。

柔姊把這段「總裁生日」剪輯成短片，傳到每位同事的信箱，但當大家打開檔案後都赫然發現，影片裡，柔姊永遠站在螢幕裡最顯眼的位置，而壽星總裁的臉卻一直在鏡頭邊緣，甚至還被切了一大半。

更傻眼的是，蛋糕是小張買的、鮮花是杜姊訂的、卡片是老陳下班後選的……而簽滿名的卡片上，每個人都中規中矩、用黑色筆簽名、寫上幾句溫馨的祝賀，只有柔姊，用了亮晶晶的筆，簽上自己的大名。在鏡頭前，更是由她帶領大家一起唱〈生日快樂歌〉，她就像是合唱團的指揮，也比壽星更像是當天的主角。

戲劇型人格者的職場素描

1. 收割達人

我第一次和柔姊交手，是在辦一場邀請國內外專家的諮詢會議。這場產官學諮詢會議必須要先做足功課：了解世界頂尖的新藥開發趨勢、全球藥品查驗登記的法規差異，以及國內的健保給付。

高層考量柔姊當過產品經理，因此指定我和柔姊搭檔合作。我負責收集各種資料，柔姊則整理成摘要，並且彙整成要詢問專家的問題。

在每次跨部門的進度報告中，柔姊拿著我收集的資料，都講得頭頭是道，但我很清楚柔姊幾乎沒有花時間整理資料，也沒抓到應該詢問專家的重點。每一次報告，我都暗自為她捏了把冷汗。照柔姊這樣敷衍、矇混的態度，我想到了專家會議那天，一定會開天窗。

有一天，副總跟我約了時間，想要單獨聊聊這場重要專家會議的進度。我心裡七上八下，打不定主意，是不是要跟副總講我對柔姊的擔心。

「柔姊很肯定你收集資料的用心，但是她覺得你準備的方向不對！」我心頭一驚，自己竟然被柔姊惡人先告狀。

「我看柔姊好幾年沒做產品經理了，雖然看她每次報告都還是寶刀未老，但柔姊的小孩今年要考高中，別讓她太累，而且她也指點你很多了。她還特別推薦阿普經理跟你搭檔。」在副總的決定中，好像有什麼柔姊搞的鬼，但想想少了柔姊這個豬隊友，這樣也好。

我和阿普經理把柔姊留下的爛帳搞定，專家會議倒也是圓滿結束。會後的慶功晚宴，柔姊卻冒出來湊一腳：「林醫師，我當初跟你講的方向，沒錯吧？自從全球藥品的專利懸崖過後，國內外的專家都把焦點放在生物製劑。」

柔姊眉飛色舞地舉起酒杯，而同桌的同事們「好在我們公司有柔姊」的觥籌交錯聲不絕於耳。

戲劇型人格的柔姊總是光鮮亮麗，他們永遠是團體中的靈魂人物，**他們敢說、敢秀，但一定不會好好做。**對不明就裡的長官，他們一直是關心同事的天使，但在同事眼中，他們根本就是只會收割的惡魔。

2.就是要刷存在感

有次新進員工的各部門介紹，為了確保不要耽擱其他部門介紹的議程，我事先發信通知所有與會者，提醒大家準時到我們部門。想不到當天學術倫理中心的Diana，竟然打電話給我們部門的祕書，開口就罵：「你們是哪個傢伙規定開會都要準時的？今天早上一群新進員工，為了準時十點參加你們部門的會議，在我們這裡，不到九點五十五就收東西準備走人。你們今天之內給我好好調查，到底是哪個沒禮貌的，敢在我的會議之後要求準時？」

想必我的準時造成Diana的不爽，她另外又寫一封信給我的主管：「林醫師欠我一個道歉，請你叫林醫師好好解釋，這種不知變通的準時，到底是藐視我們部門的存在？還是對學術倫理感到不屑？」

我的主管本來想打個圓場，告訴Diana，今天下午四點半和我們部門開完一個會議之後，有半個小時的空檔，可以向她說明看看是不是有什麼誤會。

想不到Diana卻尖聲發飆了起來：「為什麼跟我說明，還要訂半小時的時間？難道我是林醫師的病人嗎？」

就在我被Diana鬧得雞犬不寧的三天後，Diana出差到一家大飯店當講師，順便和她的祕密情人幽會。但Diana的老公接獲線報，迅雷不及掩耳地趕來查勤。Diana頓時嚇傻了，跑沒幾步，跑到大廳鋼琴旁的噴水池，她竟然撲通一躍，就跳進了水池。

戲劇型人格和自戀型人格的行為雖然高度重疊，但內在本質卻有很大的差別。**自戀型人格需要被注意的是形象與自尊；戲劇型人格要的是舞台和大家的矚目。**管他是悲劇、喜劇，還是鄉土劇，他們就是要刷存在感，所以最後往往全部都被他們搞成了鬧劇。而如果讓他們少了一分被關注的注意力，簡直就像要了他們的命。

3. 我八卦，所以我存在

「公主」是我見過最八卦的心理師。她原本在學校輔導中心，今年到一間規模不小的心理諮商所任職。雖然她個性滿「公主」的，但不管換到哪個工作，身邊總是有一票一起跑趴的好朋友。不過，我最看不慣的是，她老是愛講上星期諮商的那位女孩的男友有多渣，以及每天還在Facebook上po今天遇到包七個二奶的台商，後者還創下她的諮商新記錄。因為畢竟到處講諮商個案的隱私，其實完全觸犯了我們這行的職業道德的底線。

不過，跟在「公主」這個八卦中心身邊有個好處，可以得到很多寶貴的職涯快訊。離職的那位學妹到底是因為受不了老闆死纏爛打的追求，還是三年來都沒加薪？還有那個空出來的職缺，CP值到底高不高？「公主」的人脈也非常廣，她待過的學校輔導中心，每年招募新人的前一個禮拜，主任都會找她出來吃飯，對新進的學弟妹品頭論足，意見交流一番。因為即使「公主」畢業多年，這些學弟妹，「公主」要嘛都認識，要嘛也都有他們履歷表以外的完整八卦資訊。

「講八卦」是有利於人類生存的重要技能，因為「講八卦」是一種蘊含高度資訊量的社交訊息溝通，而社交訊息溝通則是現代人類比猴子或原始人更進化的部分。

科學家們發現，猴子們面對危險的時候，會發出特別的叫聲，通知同伴，像是科學家們已經可以分辨出猴子警告同伴「小心！有老鷹！」的叫聲，還有另一個相似的叫聲是「小心！有獅子！」而當科學家們把「小心！有老鷹！」的叫聲放給猴子聽的時候，牠們會驚恐地盯著天空，而放「小心！有獅子！」的叫聲時，猴子則會趕快爬到樹上。

雖然猴子有能力辨別環境中的危險，但是人類辨別環境的資訊量更複雜，不像獅子、老鷹那樣簡單。如果你知道公司裡的八卦，像是我的主管老張因為講話很直接，所以和總經理的關係不太好，但是業務部陳處長和總經理不錯，而老張和陳處長是大學同學。這樣你就可以從這些八卦資訊，來分析環境中的危險，以及該如何進行社交溝通。

如果你寫的營運策略是請老張幫你背書，總經理大概會就事論事；但如果你業績沒達到，要老張幫你扛責任跟總經理求情，可能還是找陳處長罩比較好。可見**知道越多八卦消息，對我們在公司的生存就越有利**。

這也是為什麼軍隊裡老士官長的權力和影響力，比指揮官將軍更大，而且大家都知道絕對不要得罪公司裡的資深祕書。你看老闆出差兩個禮拜，所有的大小事情，幾乎靠祕書就能打理、搞定。一個人在群體中，知道的八卦越多，存在的價值就越高。

這也是「公主」雖然不好相處，但她無論走到哪裡，朋友都跟到哪裡的原因。因為她八卦，所以她存在，這是戲劇型人格在職場中習得的技能。

戲劇型人格者的心理剖析

1. 爭寵的小丑

新婚的小筑最近是「公主」每天八卦「整點新聞」的主角。小筑的先生豹哥，是個外冷內熱的心理師，平常辦起事來乾淨俐落，但諮商的時候很有耐心。豹哥曾經是這間諮商所的第一把交椅，而且是「公主」的研究所學長，但在「公主」來這兒的前三個月，豹哥就出國留學了。小筑和豹哥交往超低調，所以這次豹哥聖誕節回台灣結婚，自然成了「公主」八卦的話題。

「公主」在一次和小筑單獨去買午餐的路上，開始了午間新聞專訪：「所有人對你閃電、低調結婚都非常震驚耶，我超意外，原來你先生竟然是豹哥！」

小筑還在想要怎麼轉移話題時，「公主」繼續問：「欸！你先生一直是這裡的神祕人物耶。你自己覺得他是哪種ＰＤ？」

ＰＤ就是人格疾患（Personality Disorder）的英文簡稱，也就是我們在這個章節裡討論的反社會、自戀、畏避、依賴……各種人格缺陷。大家同是心理專業人士，直接「問候」對方的先生是哪種人格缺陷，真的是我聽過最惡毒的咒罵了。

「公主」好不容易結束了話題：「好啦，你和豹哥風格不同。你是我們這裡最溫暖的心理師，希望你的溫暖能好好改變冰冷的豹哥喔！」

「公主」沒和豹哥共事過，但顯然挺嫉妒這位曾經是台柱的學長。「公主」對小筑的酸言酸語，為什麼這麼像宮鬥劇裡的對白呢？因為**職場上的較勁往往不輸後宮裡的爭寵，而古典精神分析更認為戲劇型人格，源自於童年與兄弟姊妹間爭寵的**

情結。

在他們的生命歷程中，不管是在學校，還是職場上，收割別人的功勞，用各式各樣的手段刷存在感，都是在反覆上演這場爭寵的戲碼。他們不一定想要光鮮亮麗地出場，也不見得有機會粉墨登場，於是他們往往成了死也不下台的爭寵小丑。這場拖棚歹戲，置身事外的台下觀眾可能覺得滑稽、可笑，但職場同台的同事，則苦不堪言。

2. 浮誇、膚淺、情緒化

在探討人格的教科書裡，形容戲劇型人格的言談，就像是「印象派的畫風一樣」（impressionistic）。遠遠看是一幅色彩鮮明的輪廓，但走近點一瞧，所有的形象，都變成了模糊不清的斑點。戲劇型人格的一言一行，就是這樣浮誇、膚淺，而且情緒化。

我有位情緒浮誇的同事，她的外號叫「嗨姊」，因為她超愛自嗨，而且喝了幾年洋墨水的她，講話總是用「嗨！我想知道你最近……」的八卦探問，當做起手式。

有一次，我剛從主任辦公室出來遇到「嗨姊」，她直接用高八度的音量對我說：「嗨！你好爽喔！可以和主任聊這麼久，主任一定覺得你是我們的明日之星，在講未來要怎麼好好栽培你吧？」

就在這短短的幾分鐘裡，我的同事小吉哥也進了主任室，當小吉哥走出來的時候，「嗨姊」也用同樣的音量對他說：「嗨！你好爽喔！跟主任講沒兩分鐘就搞定，你真是我看過溝通效率最棒的人了！你做事，一定讓主任很放心。哪像我每次進主任室，都要被他盯進度盯個沒完……」

沒想到，幾天後，嗨姊才走出會議室，就在走廊上放聲哭號：「嗚嗚……主任罵我……」幾乎所有的同事都接到「嗨姊」訴苦的電話或訊息。

嗨姊抽抽搭搭地說自己被大家一起霸凌，但到底發生了什麼事，大家卻是一頭霧水。東拼西湊了幾位同事的資訊，才大概知道好像是主任稱讚了小吉哥做事認真、負責，今年很多同事請假，都很放心地找他當職務代理人，但當主任拿出職務代理天數的總表時，「嗨姊」卻敬陪末座。她覺得很沒面子，壓力又很大，所以就這樣委屈地哭了一整天。

與戲劇型人格者的相處之道

1. 上班好同事，下班不認識

「上班好同事，下班不認識」是與戲劇型人格者保持安全距離的心法。這句話講起來容易，但做起來卻很難。**難是難在「好同事」很自然而然變成「好朋友」，而且自己的公領域與私領域，有時也不是這麼容易劃分。**

不過，公、私領域不分，也很容易造成公司裡的責任混淆。我曾經任職一個單位，長官們很喜歡應酬，所以三不五時就有大家都不想去的飯局。同事們只好「輪班」參加，但是已經有小孩的同事，卻自動不列入「輪班」。

這個明顯的不公平問題出在兩個關鍵：應酬到底是不是工作？如果是工作，那所有同事照理當輪流。更重要的是，為什麼誰家裡有小孩，不是隱私，而是一項會被拿來做為工作分配的考量呢？我自己擔任主管後，不論面試或是工作時，絕不主動過問屬下們的婚姻與家庭狀況，也從來不安排晚上的聚餐。所有的聚餐或參訪，都是安排在上班時間。

界定自己的公領域與私領域，最好上手的第一步，就是從自己的各種社群軟體：Facebook、LINE、Instagram**開始檢視。**我會先界定，Facebook和LINE是公領域用來公務聯絡的，而Instagram則是私領域的。

如果我把Facebook做為公領域使用，那麼，我該放上昨天我帶小孩去動物園的照片嗎？這樣我跟主管說星期天要照顧生病的媽媽，而沒去應酬，不就穿幫了？而在LINE的五百人群組裡，我是不是該每天丟張自己美照為背景的早安圖，一次問候五百人？

2. 別陪他們在網路上起鬨、曖昧、刷存在感

學姊在Facebook又貼了十張用正妹自拍公式──四十五度角、側臉、嘟嘴的辣媽近照。學妹搶了頭香，按讚、留言：

學妹　學姊～為什麼你生了三寶之後，還可以瘦成這樣？
讚・回覆

學姊　呃……我想你還是不要知道比較好（^.<）。
讚・回覆

學妹　拜託啦～學姊一定要造福一下廣大的姊妹們。
讚・回覆

學姊　這次減肥的過程太辛苦了，希望大家都不要經歷這段痛苦　。
讚・回覆

學妹　不然有請凍齡女神私訊跟我說祕訣就好。
讚・回覆

其實學姊生完三寶後，就發現老公外遇，她氣得吃不下，也睡不著，所以整整瘦了十公斤。這段對話如果變成面對面溝通，學妹可能從學姊的表情和眼神，發現學姊是真的希望她「不要知道比較好」，但換成「（^.<）」這個擠眉弄眼的啾咪符號，會讓人誤解學姊在搭配她的「照騙」裝可愛，而且如果學妹有注意，就會發現學姊最後的回覆隔了三十分鐘。如果是面對面溝通，學妹一定會注意到學姊的欲言又止，也會觀察到學姊的消瘦和不修邊幅，這可不是修圖後容光煥發的那種減肥成果。

心理學研究指出，我們在臉書上的對話場景，如果拿到現實生活中，面對面表達的話，臉書上表達的訊息，只有面對面溝通的百分之十。所以網路上的互動，特別會製造曖昧的效果，再加上網路互動，會有如同「酒後吐真言」的「線上去抑制效應」（online disinhibition）。

我曾在台大開的「網路心理學」課堂上做過一個調查，當上完課時，我問：「同學有沒有問題？接下來的十分鐘內，都可以自由舉手發問。」不意外地，沒有同學在這十分鐘裡發問。

等十分鐘一到，我請同學們誠實地告訴我，誰在剛剛的十分鐘內，有用到Facebook或LINE發文章、留言或是傳訊息的？結果高達百分之七十的學生承認他們剛剛有使用。可見**透過社群在網路上向一群人表達自己的意見，比在現實生活中容易許**

多。

曖昧不明的訊息，加上容易衝動吐真言的對談，構成的便是戲劇性人格最慣用的「印象派畫風」的對話，也更容易渲染他們膚淺又浮誇的情緒。

上班好同事，下班不認識

別以為戲劇型人格這種沒實力卻愛現的鬧劇主角，出來混，必死無疑。請千萬記得，要和他們保持距離；因為在職場上，人不要臉，可是天下無敵！

極度焦慮的「強迫型」、「依賴型」、「畏避型」人格

強迫型、依賴型、畏避型這三種人格的共同特質，就是他們總是焦慮度爆表。強迫型人格害怕無法一切都在自己的掌控中；依賴型人格擔心與眾不同；畏避型人格則時時提心吊膽於被人指指點點的批評與尷尬場合。

他們的焦慮與害怕在職場裡是誘發冷暴力的引爆點，但也是他們共同的罩門。如果有機會感同身受他們的焦慮與害怕，這也是與他們建立關係的橋梁，所以比起缺乏同理心的反社會、自戀與戲劇型人格，**這三種人格特質是相對「良性」的職場冷暴力。**

我看到緊張兮兮的學生們，面對考試壓力時的反應，就可以大概猜出他們是屬於強迫型、依賴型，還是畏避型的人格。

強迫性格的學生，通常是害怕失控的「學霸」；依賴型的學生，則大部分是害怕自己與眾不同的一般同學；而畏避型的學生，往往是害怕被批評的「魯蛇」（loser）。在職場上，這些容易焦慮的人格特質，也與他們的職涯成就息息相關。緊張、焦慮的他們都有著時時困擾自己的深層恐懼，只是恐懼的事情有所不同，但這些恐懼都是他們最重要的人生課題。

成績頂尖的書卷獎級學霸在考試前，即使拿到考古題，他們仍會仔細地從教科書中，找出每題選項的答案，再融會貫通所有的變化題，因為他們害怕會出現自己從沒看過的題目。這些無法控制的變數，使他們更加嚴苛、完美地反覆用功。

同樣的，在職場上，**「強迫型人格」的重點在「害怕失去控制」**。所以與他們相處時，主動出擊，只有分析變數，提供備案，才能搞定這些龜毛的控制狂。

中規中矩的學生在考試前，往往會和同學們分工合作，找出考古題的答案，再把答案背起來。對他們來說，只要大家手中的考古題資源都相同，足以度過難關就好。他們不像強迫性格的學霸，害怕出現無法掌控的變化題。他們心裡的想法是，反正出了變化題，大家都一起不會，總不會全班都被當掉吧？因此，**「依賴型人格」的習慣**

是只要跟著大家的腳步走，不要與眾不同就好了。

能力最差的魯蛇在考試前，由於過去多次失敗的打擊，就算有考古題，他們也放棄不念，他們希望能透過補考、加分等法外開恩的奇蹟矇混過關。**「畏避型人格」害怕批評帶來的羞恥，有時候更甚於考試被當掉。**

職場上的畏避型人格幾乎都有「拖延症候群」。接下來，我們會細細講解該怎麼給予更多的鼓勵與支持，讓他們逐漸培養自信心，避免用激將法或是帶有調侃的方式與他們相處。

強迫型人格

很多事業有成的主管和企業家都相信「魔鬼藏在細節裡」。他們也相信不厭其煩地挑出細節裡的魔鬼，是他們能夠成功的主要原因。而「專注完美，近乎苛求」的職人精神，確實是客戶與消費者的福氣，但卻是旗下員工的大災難。這些口號和精神，正是強迫型人格的最佳註解。

我認識一位外號叫做「文書菩薩」的CEO。顧名思義，他就是對所有行政文書作業的種種細節，就像菩薩一般，無微不至地講究要完美。凡是字型大小有沒有統一、段落有沒有統一縮排對齊，甚至標點符號是全形，還是半形，他都能一眼就挑出來，而且會不厭其煩地要求下屬修改、調整，一而再，再而三地確認。

強迫型人格在職場上讓人最不爽的，就是他們「龜毛」的個性。但他們對凡事如此斤斤計較，其實是源自內心最深層的恐懼——害怕出現無法掌握的變數，使得一切不在他們掌控的步調中。

強迫型人格者的職場素描

1. 精打細算的控制狂

我剛離開醫院的工作到外商公司任職的時候，對辦公室文化可說是大開眼界。因為大家常常需要出差洽公、拜訪客戶，因此公司沒有打卡，工作時間也很有彈性，國外甚至還有設行動辦公室、在家工作的制度。但我同時也聽到**大部分的公司，都有員工等老闆下班之後才敢下班的畸形文化**。明明五點就把事情做完了，但大家卻都很有默契地等到老闆七點下班後，才跟著離開辦公室。

有次我便向「文書菩薩」這位業界的前輩，請教他對於員工上下班時間管理的問題。對此，文書菩薩誠懇地告訴我。

「以我三十年來閱人無數的經驗，如果有哪個員工比你早下班，那麼，這位員工就絕對大有問題。」

他是一名對於上下班時間有著強烈執念的老闆。他的公司嚴格規定早上八點要準時打卡，即使超過一分鐘，也就是在八點一分進到辦公室，那就算是遲到，也必須要請半天假。

他曾告訴我，晚一分鐘進公司的員工，一定是急急忙忙地打卡進公司，通常都沒有吃早餐，所以他不只是晚一分鐘開始工作，扣掉在辦公室吃早餐、倒茶喝水上廁所的時間，還有這種沒有紀律的上班態度，說他早上都沒在工作，要他請半天假，也是剛好而已。

公司裡有一對夫妻檔，每天因為要先把孩子送到保母家，很難打理好一切，從容地準時上班，所以每次他們準時打卡進辦公室後，夫妻再輪流去買兩人的早餐回來，算是上有政策，下有對策，不料這哪能逃過文書菩薩的法眼。

有次文書菩薩把夫妻倆叫到辦公室裡痛罵。他的獅子吼聲響遍整間公司，所有員工們才知道文書菩薩苛求準時的邏輯原來是：

「你們這樣投機取巧的打卡，再去買早餐，買早餐要十分鐘、吃早餐也要十分鐘、吃完早餐還要大便十分鐘，把吃下去的早餐排泄出來，這樣每天就偷走公司半小時，一年三百六十五天就偷了一百八十三小時。每天工時八小時算下來，你偷走了公司二十三個工作天，整整就是一個月的薪水耶！你們真是不折不扣的薪水小偷！公司裡的鴛鴦大盜！」

其實真要精算，文書菩薩這些算式漏洞百出。對自己有利的，無條件算進來，對自己不利的，胡亂捨去。**強迫型人格的主管，對時間和金錢的掌控，就是如此地刻薄、吝嗇。**

2. 刻薄、龜毛的吝嗇鬼

文書菩薩後來向我探問一家被稱為幸福企業的大公司：「聽說他們都準時五點下班呀？」

「對呀，他們公司比較偏僻，聽說大家都要趕著搭五點十分的交通車。」

「唉！難怪我每次七、八點經過他們公司的時候，都像鬼城一樣烏漆嘛黑的。這種公司不會有前途啦！」

我心想，文書菩薩這種上班打卡制，下班責任制的觀念，真是慣老闆無誤。但我怎麼好像也聽很多人說過，文書菩薩的公司過了五、六點，也像是鬼屋。以文書菩薩苛刻的作風，不太可能讓員工那麼早就下班呀？

文書菩薩自己倒是先說了答案：「不過要讓員工晚上加班，也是很花成本的……」

咦！文書菩薩是不是被檢舉沒給加班費，所以改過向善了？

想不到他繼續說：「所以我上個月，把全公司所有的日光燈管，四根都改成了兩根。五點一過，冷氣總開關也關掉，配合政府的節能減碳。你知道嗎？這樣一個月的開銷，真的少了很多。」

強迫型人格的主管，常常有這種要求完美、過度節儉而因小失大的通病。文書菩薩另一個在很多公司裡也都有的通病是，要求全公司影印文件都要使用單面印過的回收紙。

對上班族來說，印表機卡紙是浪費時間最大的惡夢，而造成表機卡紙最重要的原因，就是回收使用單面印過的紙張。

真正懂印表機的人都知道，印過的紙張本來就比全新的紙張多了許多灰塵，有的甚至沒拆掉釘書針，這都會降低印表機滾筒的壽命，也很容易卡紙。

再者，有時候重複列印的單面紙張該朝上，還是朝下，很容易搞混。新印出來的內容和舊有列印的印在同一面，造成更多的浪費。而且一面舊資料、一面新資料的文件，很容易造成閱讀上的混亂，還可能會有機密外洩的風險。

就我的觀察，公司裡如果有要求這種沒有成本觀念的節省紙張，幾乎都是有強迫型人格的主管。**實際上，任何一家公司裡，最重要的資產，最不能被節省的，永遠是人才啊！**

3. 苛求細節的獨裁者

強迫型人格是無法完全授權讓人分擔任務的，他們害怕出現自己無法掌控的變數，因為失控就是他們最大的夢魘，而授權給別人就是製造更多的變數，所以他們的行事風格，說好聽點叫事必躬親，實際上就是獨裁、跋扈。

「文書菩薩」很崇拜智慧與謀略兼具的諸葛亮，他也以公司的諸葛亮自居。他常說這家原本快要倒閉的公司，就是靠他一手撐起來的。諸葛亮無疑是華人世界與日本人都最推崇的人物，但在歷史上，諸葛亮的軍旅生涯中，打的敗仗遠遠多於打勝仗的次數。客觀地說，諸葛亮的軍事成就並不高，這除了與他管理的蜀漢軍團實力較弱以外，也與他強迫型人格的領導管理風格有關。

諸葛亮為人謹慎，軍隊裡的大事、小事都要經過他的首肯才能執行，因此他所帶領的團隊效率不彰，自己還因此積勞成疾。

根據歷史記載，諸葛亮即使處罰三十軍棍的小案子，都要親自到現場去監看執刑者有沒有打得太重或太小力。他從這等小事，來考察有沒有賄賂官員或是徇私舞弊的內情。

如此大事、小事都要親自操勞的工作態度，雖然贏得敬重，但卻沒能達成他匡復漢室的目標，自己也星落五丈原，出師未捷身先死，這就是強迫型人格典型的命運。

強迫型人格者的心理剖析

1. 自我感覺良好的控制狂

「強迫型人格」（obsessive-compulsive personality）與醫學上的「強迫症」（obsessive-compulsive disorder）名稱很相似，也有很類似的行為：要反覆確認、凡事擺設整齊、注重對稱，甚至都有要求一塵不染的潔癖。

但在心理特質上，「強迫型人格」與「強迫症」是截然不同的。強迫症的患者，在檢查、清洗這些強迫行為時，可以理性地了解這種行為或想法是不合理的，但難以用自己的意志克服，心理學稱之為「自我衝突」的（ego-dystonic），是痛苦的。他們知道這樣反覆地洗手，一再地確認是不合理的，但是自己卻停不下來。在這樣衝突、痛苦的情緒之下，他們變本加厲地不斷重複這些重複的行為。反之，「強迫型人格」在達到對稱、整齊的完美境界後，感到滿意而「自我感覺良好」，心理學稱之「自我協調」的（ego-syntonic）。

簡單來說，「強迫症」的人是強迫自己，讓自己痛苦；「強迫性格」的人是自己爽，還要強迫別人，把自己的快樂建築在別人痛苦上。總之，「強迫症」是自己會非常痛苦的心理疾病，而「強迫型人格」則是在職場上自我感覺良好，但帶給同事們困擾的人格特質。

2. 控制欲背後的預期性焦慮

強烈的控制欲背後，其實蘊含著他們的「預期性焦慮」。「預期性焦慮」就是台語講的「厚操煩」，還沒來的事情就會讓他們緊張兮兮。正面的說法是未雨綢繆，但說得嚴重一點就是杞人憂天。像有些見慣許多大風大浪的主管，即使一個他再熟悉不過的例行股東說明會，也會讓他們前一天晚上緊張得睡不著覺，一早起床就吃不下早餐。

我曾做過台灣醫師的性格研究，實習醫師的「預期性焦慮」比起一般人高許多。

從事醫師這個行業，我很能理解這種從小到大都是「學霸」的職場人生勝利組，為什麼會特別具有強迫性格與預期性焦慮。醫師的訓練過程中，有項叫「鑑別診斷」的基本功。當醫師看到典型的症狀時，除了要想到最可能的診斷，也必須想幾個比較不常見，但很危險的診斷做為備案。

我當實習醫師時，第一次處理一位肚子痛、上吐下瀉來到急診的患者。指導我的急診醫師反射性地隨口問我：「你覺得他有沒有可能是心肌梗塞？要不要做張心電圖？」

沒有醫學背景的讀者，想必和我當時的心情一樣：「不就是腸胃炎嗎？怎麼想這麼多？」但實際上，的確有百分之十五的心肌梗塞患者，他們的症狀會是以像胃痛這種不典型胸痛的方式呈現。資深急診醫師就是在鑑別診斷後，考量到這百分之十五的可能性，而掌控了可能誤診的變數。

3.老闆半夜發信的苦衷

偏偏有件事很奇妙，你越想控制它，它就越容易失控，這件事就是我們每天都不可少的睡眠，而**強迫性格的主管，幾乎都有失眠的困擾。**

強迫性格的主管通常都嚮往規律作息，而且是像軍旅生活般，嚴格要求自己該幾點睡、幾點起床。但是，睡得著必須要能放鬆心情，像這樣固執地要自己幾點睡著的人，常常到了時間，卻睡不著，這會激起他們更多的預期性焦慮。我如果一個小時後還睡不著，怎麼辦？今天睡不好，明天的簡報會不會講得很糟？這筆大生意，會不會就這樣被我搞砸了……

因此，當你又接到老闆在半夜發的e-mail時，別以為他真的是個工作狂，奮戰到半夜，這是他強迫性格過頭的折磨啊！

與強迫型人格者的相處之道

1. 抓住他們的焦慮，而不是執著

據說有次總統巡視陸軍總部，看到部隊整齊劃一，營舍裡窗明几淨，一塵不染，總統在滿意之餘，卻看出軍隊應該把重點放在戰備訓練扎實，至於有沒有灑掃清潔、物品排列是否整齊，這倒是其次，而且這些表面功夫一旦做多了，反而可能耽誤了戰備訓練，這不是捨本逐末嗎？

而當陸軍總司令看到總統若有所思，他趕緊上前詢問，是否有什麼指導，是否有什麼應該改進的。總統嘉勉了幾句後，便實話實說：「軍隊裡，像清潔、保養這類繁瑣的雜事，會不會做太多、太頻繁了？」

總司令滿口答應一定會在一個月內提出方案，迅速改進，而就在總統視察結束後，總司令下了一道命令：「請陸軍所有單位徹底調查，如實呈報平常有哪些雜事。所有的雜事，都必須要寫出因應方案，來確實減少。」

唉，**這道命令，本身就是製造更多雜事的根源啊。**

很多人都誤以為強迫型人格的老闆雖然規矩很多，但只要照著他們的規矩做事，就天下太平了，但他們不久就會發現，**強迫型人格的老闆常常是「計畫趕不上變化，變化趕不上老闆一句話」。**

如果你仔細觀察公司裡最照規定走的乖乖牌，你會發現他們卻最常惹來強迫性格老闆的責罵，因為他們只是把老闆滿腦子的焦慮簡化成幾條規矩。照規矩做事是最表面的做法，當老闆看到你只懂得照規矩，卻不懂得變通，他心中的焦慮可能依舊無法解除，所以在計畫與規矩之後，便又會多了許多「老闆的一句話」。

2. 分析變數，提供備案

面對強迫型人格主管最核心的焦慮——害怕失控，最好的做法就是凡事都提供備案，並且分析變數。

當我們在提企劃案，而聽到一些吹毛求疵的要求時，大部分時候，我們會本能地回答：「之前老總遇到這樣的狀況，也都是這樣做啊。」「別家公司也都是這樣做。你的要求跟別人不一樣，很奇怪。」

強迫性格企業家的成功祕訣，就是能夠找出魔鬼裡的細節，所以如果你用上述這種方式回應，絕對不可能說服他，甚至還會激怒他。他的心裡鐵定是這麼想的：「你拿老總那套過時的做法來跟我辯。我們的金字招牌，又怎麼能和那些阿貓阿狗的爛公司劃上等號？」

以醫師這個行業來說，醫學界最頂尖的《新英格蘭醫學期刊》就曾指出：強迫性格對一位醫師的成就，扮演著非常重要的角色，而《美國醫學會期刊》也研究過：強迫性格越強的醫學生和住院醫師，他們的表現也會比較好，所以強迫型人格的成功者，你頂多能挑戰他們的觀點，就事論事地分析變數、討論備案，但千萬不要挑戰他們的性格，因為這就是他們的成功之道。

3. 晨昏定省，主動出擊

晨昏定省、早晚問候般地主動回報進度，通常可以帶給強迫性格主管很好的第一印象。這個簡單的表面功夫，其實最能夠打動他們不肯輕易授權的心理。

我對「主動出擊」做了一個簡單的操作型定義：**當你有新想法的時候，就「主動」先跟主管約討論，不要等報告都寫出來了，才讓主管過目。**還記得當你把整份企畫寫好，卻被主管扔在地上，要你全部重寫的那一幕嗎？他八成就是強迫性格的主管，而「主動出擊」的做法，絕對能夠讓你節省掉這些寶貴的時間。

另外，強迫型人格的主管大部分都願意不厭其煩地來回討論，所以別自作主張，以為不打擾他們是在替他分憂解勞。晨昏定省的頻率可能有點誇張，但定期回報絕對不會有錯，因為這本身就是幫老闆做心理治療的過程。就算是**定期回報自己未完成的進度，也能讓老闆覺得一切都在自己的掌握之中。**

逼瘋你的，或許不是職場，而是你的執著

強迫性格的主管們，大多嚮往日式的「職人精神」。在診間裡，我常常會與這些

事業有成，卻整天操煩到快崩潰的企業家們，聊起日本劍聖——宮本武藏的故事。

宮本武藏和畢生宿敵佐佐木小次郎的巖流島決戰，已經被拍成好幾次電影和動畫，不管是哪個版本的故事，都會深刻地描繪宮本武藏在決鬥前一年的修行與體悟。

宮本武藏拋開從前對劍術的執著，開始重拾友情、愛情的關懷，也重新體驗平淡美好的生活。在這樣的心境下，宮本武藏最終打敗了宿敵，成為日本的傳奇劍聖。

職場確實如同戰場，但宮本武藏給我們的啟示是：**事業的成功，或許不是要把俗務雜念完全拋開，而是放下執著之後，重拾工作與生活中，那美好的每一刻。**只有在那時，心中才有畢生的理想與信念，這才是完美地掌握自己的工作與生活。

逼瘋你的，或許不是職場，而是你的執著。

依賴型人格

依賴型人格雖然是很溫馴的人格，但卻是職場冷暴力中最關鍵的幫兇，也是最常見的共犯。

那是我第一次，也是唯一的一次拒絕演講邀請。那是一場對政府提出政策建言的演講，與我接洽的承辦人是一位公立醫院的資深護理長。她非常謹慎地聽了我的另一場演講後，對我這場演講的主題非常滿意，也告訴我，一定要講這個主題。

由於我在網路心理學的研究，在國際學術界一向有著不錯的成績。在高興自己獲得肯定的同時，我仔細規劃了一個具有政策建設性的主題「手機與網路如何改變我們的醫療」。兩個星期後，我收到大會議程，我的講題卻變成了「網路如何傷害我們的大腦：數位科技讓醫療更進步」。

這兩個完全不同方向的主題，怎麼可能放在一起討論呢？我要求修改這樣互相矛盾的講題，但護理長一會兒保證一定尊重講者的意願，一會兒又說她已經行文給其他單位。接著，我收到承辦主任的信件：

「林醫師：

抱歉這次講題由於我方欠周延，敬請海涵！經過請示院長，由於議程題目為長官指定，我們會通知各單位更正議程上的講師，以免他人誤會仍是由你主講。

理由看是要寫因你的行程變動，或是直接寫因故無法出席而不多解釋？我們明天就會發出更正通知。」

我一看這封信，短短三段話，每一段卻都是這位主任在公務機關的智慧結晶，每一句都稱得上是大內高手的經典教材。

第一段說「我方欠周延」，這「欠周延」三字用得極好，既對先前雙方共識並確認的講題一概不提，再含糊地來個先禮後兵。緊接著，第二段便搬出了院長、長官的神主牌，然後「貼心」地怕別人「誤會」講師還是我，總之，告知我已經被「更正」掉了。第三段則是挖了一個坑讓我跳，幫我設計了選擇題，然後有效率地把我趕快處理掉。

寫到這裡，我才發覺原來我以為的拒絕演講，其實是我第一次「被拒絕」演講啊！

依賴型人格者的職場素描

1.打太極，推事情

資深護理長和主任處理演講議題時顢頇、遲鈍，但打太極、推事情的手法卻是精明幹練。「依賴型人格」在職場中，可不像職場人格測驗中的無尾熊或綿羊那樣溫馴。當有了老闆當靠山，他們可都是手腕高竿的大內高手。

我的辦公桌上有一張對我意義非凡的照片，那是我剛到外商公司服務不到一年，就和另一位行銷處的同事拿下了創新進步獎。我很珍惜同事對我這位當時剛到公司，還是菜鳥提出創新構想的信任，也用這張照片提醒我自己，在一個有規模的組織裡，提出創新方案時會遇到的阻力。

「你才剛來公司，為什麼不做以前大家都在做的事？」「之前都沒有人提這樣的案子耶，老闆真的同意嗎？」「不要這樣啦，這樣很難報帳。」「你要不要先去問你其他資深的同事看看？」……

這些質疑都是「依賴型人格」典型的思考模式，**他們打太極，推事情，是因為害怕改變，恐懼自己的與眾不同。這或許只是個微不足道的職場慣性，但卻是職場文化的重大危機。**

而職場中成為位高權重的長官，要說他們最厲害的專長，大概就是全公司裡最精通公司大小規定，在潛規則裡最熟門熟路的生存高手，如此而已，他們不會大膽又吃相難看的「能撈就撈，能混就混」，就算不錯了。

2.「死海效應」的催化劑

依賴型人格的員工，會加速組織裡的「死海效應」。死海的鹽分濃度高、浮力強，躺在死海上不會沉下去，反而會浮起來。公司裡的壞員工，就像死海裡的鹽分，好員工就如死海裡的水分。依賴型人格的壞員工聚集在公司裡，思想保守，阻礙創新，還逼得有創新能力的好員工離開，這使得公司像是一個封閉的死海，水分不斷蒸發，變成一灘越來越鹹的死水。

你有沒有注意到幾年來最風靡東亞文化圈的都是《延禧攻略》、《如懿傳》、《甄嬛傳》這一類的宮鬥劇？它們共同的劇情是天真純潔的少女，在宮廷複雜的人際網絡中，如何用血淚教訓學到制度中的潛規則，看準、依附、扳倒、奪取權力核心。

反之，西方的熱門影集，則偏好挑戰極權、冒險犯難的英雄故事。難怪最近一項大規模的人格障礙症盛行率調查指出，在西方國家中，依賴型人格是盛行率最低的人格障礙症，但是在我的觀察中，依賴型人格在東亞文化圈中反而很常見。可見**依賴型人格和我們的傳統醬缸文化是密不可分的。**

難怪我們的職場文化，同樣是崇尚繁文縟節而且奉行已久的官僚制度。在這套體系中，每位官僚的升遷，大多是由於政通人和，反而不是立下什麼汗馬功勞。如果表現突出，甚至特立獨行的，還很容易因為功高震主，被長官特別猜忌，甚至找麻煩。這樣的官僚職場文化薰陶久了，就變成我們常說的「公務員性格」，凡事依法行政，日漸馴化成組織裡最乖巧、聽話的螺絲釘。

而在對組織與權力的強烈依賴下，每天工作的目標，就自然變成了「多做多錯，少做少錯，不做不錯」。這灘死海，於是越來越鹹。

依賴型人格者的心理剖析

1. 職場媽寶

如果今天長官請假，依賴型人格的員工在長官指揮的一天裡，可能不能做，也不會做任何事情。

古典精神分析認為依賴型人格是因為在需要哺乳的口腔期缺乏滿足，造成他們日後的生命歷程更傾向依附在能提供充足「奶水」的地方，小至主管、公司，大至黨國的奶水，而**對於餵養他們奶水的主管和組織，依賴型人格的員工不僅言聽計從，還會幫主管與組織「造神」**。想想我們從小到大，是不是常常聽到爸媽和老師說這樣的話。

「你如果現在好好認真念書，考上醫科。醫學院的門口一堆有錢人，準備好嫁妝，排隊在找女婿，你還怕交不到女朋友嗎？」

「跟對這個老闆，進了他的實驗室，保證你少奮鬥二十年！」

「有了這張台積電工程師的名片，你就是人生勝利組，這輩子就免煩惱了！」

最近有一則新聞，報導香港的外科醫師大老們一致譴責現在的年輕人越來越不「聽話」了。大老們說：「現在的年輕人注重工時要合理，下班後都不知道跑去哪裡享樂，哪像我們老一輩的外科醫師尊師重道，以自己的工作為榮，連相親、結婚都一定要先問過科裡主任的意思呢！」

以自己的學校、公司為榮，並沒有什麼不對，但是依賴型人格的員工會衍生出一種千錯萬錯，長官、公司絕對不會有錯的病態情結，心理學稱為「幼稚的理想化」（primitive idealization）。在幼稚理想化的驅使下，天下無不是的長官，而且**公司部門裡即使再怎麼有問題，他們死也不會離開，因為他們是永遠無法斷奶的巨嬰。**

2.巨嬰的分離焦慮

在依賴型員工的眼裡，只要任何脫離這個理想化軌跡的人，都是有問題的。在他們眼中，「非我族類，其心必異」，所以也才會離開目前的組織。他們對離職的同事帶著一種歧視，甚至是仇視的心理。「他怎麼做不到兩個月，就『陣亡』了？真是一群爛草莓！」在被公司馴化的腦袋裡，他們認定離職是因為無法面對挑戰，卻永遠看不到部門裡弊端叢生的危機。

在醫院，我們常把同事的「離職」叫做「AAD」（Against Advice Discharge的縮寫），這源自「病況危急，家屬不願病人多受折磨，不再接受（Against）插管、電擊等急救建議（Advice），而出院回家（Discharge），好讓親屬能隨侍在側，壽終正寢」。這個黑色幽默警告著，在醫院裡的工作應該要從一而終，如果離開這家醫院，你的死期就不遠了。

3. 依賴型人格的深層恐懼

「你的意思是說，我這十五年都是白幹了？這兩、三年來，我的績效，都比不上那幾個來公司不到一年的菜鳥，是嗎?!」

「不信你隨便找個我們這層樓的問問，誰敢說我工作不夠認真、盡責？」當梁姊說出這句職場大忌時，我知道這一切恐怕沒有轉圜的餘地。梁姊賭氣，她沒領老闆的資遣費，就離開了這間奉獻了十五年的公司。

怎麼說梁姊的這句話是職場撕破臉的大忌呢？因為這句話蘊含著依賴型人格常見的僵化工作態度，這也是他們在職場中的兩種深層恐懼。

要老闆問其他同事自己的工作狀況，這代表自己和老闆的溝通不良。老闆對員工不滿意，但員工卻自我感覺良好地自顧自地做事。依賴型人格的員工，最害怕的是自己的表現與眾不同。梁姊十五年來很能融入公司，所以她有信心隨便找個同事，都能認同她的工作態度，但是當她面臨的第二層恐懼：她所依附的主管、公司、大環境否定了她自以為的認真、負責，那簡直是否定了她一輩子存在的價值了。

太努力地克服第一層與眾不同的恐懼，卻是造成第二層恐懼，也就是被制度否定的根源，這也是「中年危機」最常討論的話題。為什麼努力了大半輩子，還會被自己的主管和公司否定呢？因為我們已經悄悄來到一個公司比員工短命的無情年代了！曾經是全球百大企業的柯達、諾基亞，在產業快速變遷的洪流下，早已破產、被併購，而現今前十大跨國企業，如蘋果電腦、臉書、Google，它們在十五年前都還只是個不起眼的小公司。

我相信依賴型人格這種過去最適合鐵飯碗的「公務員性格」，在未來的十年，將是職場中最難生存的物種，也會是產生「中年危機」最大的來源。

與依賴型人格者的相處之道

1. 大家開會共同決定

三十年前的一位台北市長，在他的傳記裡，透露自己在公家機關裡走跳一輩子的祕訣：面對所有的大風大浪，原則很簡單，不到二十個字。「有法依法，無法循例；無法無例，則開會共同決定。」

我細細推敲這句話的精髓，不禁拍案叫絕，因為這確實就是打通依賴型人格死腦筋的心法。

白話點說，就是先依法行政，翻出可以遵循的法條，讓他們配合。依法行政的功力，是依賴型人格員工們的專長。找不到法條，那就找看看，先前有沒有類似的做法，讓他們可以相信。如果找不到類似的案例，那就把大家一起拖下水，就是多開幾次會，凝聚共識，一起決定。

依賴型人格者他們的核心是害怕與眾不同、害怕改變，所以與他們共處的最好方式，就是讓他們覺得他還是跟大家都一樣，沒有改變。**對付他們的方式，是先求同再存異**。要找出一個類似的案子，讓他們覺得你所要做的這件事情，並非前無古人，而是有例可循。因為他們害怕的是改變，所以你先拿出法條和慣例講相同的部分，然後再開會共同決定怎麼處理不一樣的，他們的接收度會提高。依賴型人格就是害怕改變，只要大家同意了，他們的抗拒反而就成為「不一樣」了，這麼害怕變成不一樣的他們，自然而然，就會跟著大家一起做。

2. 讓死腦筋的員工，了解規則中的規則

沒想到三十年後的台北市長，也特別迷信「標準作業程序」ＳＯＰ（Standard Operating Procedures）。每件事情，他幾乎都要制定出一個ＳＯＰ，被公認為「ＳＯＰ控」。ＳＯＰ確實是個好的制度，但就我的企業界經驗，一份工作中需要常常遵守的ＳＯＰ如果超過三項以上，那麼，這些ＳＯＰ就是繁文縟節了。

而當我親眼見識到外商跨國企業ＳＯＰ的「立法精神」後，我才知道原來台灣大部分公家機關的ＳＯＰ，都像是清末民初時我們學西方世界的船堅炮利，卻只學到半套一樣。根本就只是模仿了皮毛，並沒學到其中的精髓。

ＳＯＰ的制定和「法律」的制定是一樣的。我們都知道「法律」是依據「憲法」而制定，而在「法律」之下，又會訂出「行政命令」。通常在大企業裡，會有一套明確的中長期的「營運政策」（policy），這就像是國家的憲法。而在「營運政策」的前提之下制定ＳＯＰ，就如國家依據憲法而制定法律，而每個國家、分公司會再針對ＳＯＰ，制定詳細的「工作細則」（work instruction），就像是法律下的行政命令。

據說美國曾在甲午戰爭爆發前夕，派情報員探查看看中、日兩國誰會打贏。情報員不到一個星期，就回來斬釘截鐵地說：「這次戰爭，日本必勝！」

情報員說他到中國的北洋軍艦上，看到每發射一發大砲，中國海軍官兵就爭先恐後地把剛洗好的衣褲，拿到熱烘烘的砲管上，當作烘衣機，完全毫無紀律可言，但到了日本的軍艦上，一位正在指揮行軍的班長突然被召回離開，沒有下達立正暫停的口令，每位日本兵也就沒停下來，繼續踢正步向前走，並且一個接著一個地跳下海去。情報員因此斷定，日本這樣守紀律，絕對會大勝中國。

情報頭子聽了，卻輕鬆地笑了笑說：「日本會贏中國，沒錯，但這樣只懂得服從命令的日軍，還贏不了我們美國。」

這則稗官野史裡的日本軍可能有點荒謬，但這也點出了一位真正懂得遵守SOP的員工，不是像那只知道遵守命令的日本士兵，而是懂得規則中的規則。一個能了解公司組織「營運政策」（policy）的人，才是真正的經理人。

人，還是要活出自己的靈魂

我從小就對《西遊記》的故事有個等級設定的疑問：為什麼一開始學會七十二變的孫悟空，在大鬧天宮，掀翻地府和龍宮時，玉皇大帝、閻羅王、天兵神將，卻沒一個是他的對手？只有如來佛祖能制伏他，但為什麼當他保護唐三藏，赴西天取經時，隨便路上的幾個妖怪，就把他搞得人仰馬翻，讓他常常都要去找太上老君、觀音菩薩幫忙呢？

直到這幾年的職場歷練，我才體會到《西遊記》對孫悟空的等級設定其實沒有錯。孫悟空一開始之所以天下無敵，是因為玉皇大帝、太上老君、四大天王，都是天庭裡的公務人員，而取經途中，那些名不見經傳的小妖怪，雖然本來只是太上老君的青牛或觀音竹籃裡的鯉魚，但都是出來自立門戶創業的。如果不夠膽大心細、敢拚命、重效率，他們在荒山野地裡怎麼混得下去。這些出來創業的小妖們，危機意識強，實戰經驗又充足，自然難對付多了。

我寧可當個實力堅強的小妖，也不願成為天庭裡的草包。人，還是要活出自己的靈魂。

畏避型人格

老闆、主管也常常是冷暴力的受害者。你能想像這種情況嗎？

談到職場冷暴力，我們最先想到的都是那些擁有生殺大權的慣老闆們，他們冷言冷語地威脅、恐嚇，或是「一手來握手，一手下毒手」的陰招冷劍，但主管、老闆們也常深受冷暴力之害，卻有苦說不出。

我特別同情中階主管們，他們上有慣老闆，下有豬隊友。更慘的是，他的慣老闆長官罵他是豬隊友，而歸他管理的同事下屬，則罵他是慣老闆。

當我們被各式各樣的「慣老闆」欺壓久了，也常常會忽略自己要收一群豬隊友的爛攤子。這些慣員工、豬隊友就是「不認真，不做事，緣分到了，自然有人會出來處理；薪水年終總是會入帳」的「佛系上班族」。他們有許多人就是屬於「畏避型人格」。

有一次，我負責舉辦一場「大腦的奇幻旅程」科普講座，當時與會議公司的合作過程，就真有如一場要打敗各種畏避型人格症狀的破關遊戲。

我在一個星期內寄了好幾封e-mail，也打了好幾通電話，好不容易才找到負責的專案經理。千呼萬喚始出來的專案經理，一見面就說：「這個案子很趕喔！一個月內最重要的那本手冊，必須要完成三次的校稿。你要趕快先寫好初稿給我。」

我趕緊把一個月內大部分的會議、演講、門診停掉，還找了兩位同事一起幫忙。我拚了老命地規劃，希望能如期完成。

五天後，我們總算如期把手冊初稿寄給專案經理。但接下來的兩個星期內，一切又石沉大海。無論我與兩位同事如何傳訊息、發e-mail、輪流打電話，想與專案經理討論手冊校對的情形，還有會議的相關事宜。專案經理卻如同人間蒸發一般，完全沒有任何回應。

後來我們總算聯絡到這位專案經理的主管，我才了解專案經理手邊累積了很多她不知道該怎麼處理的案子。她平常總是拖到最後一刻，同事們才知道她遇到了什麼困難，而身為她的主管，只是稍微要她回報一下進度，她便會胡亂趕工，「先求有，再求好」，甚至直接把半成品就交給客戶。由於這樣反而會把事情越搞越糟，所以她的主管反而連問她進度都不敢，也不知道該怎麼管理這位問題員工。

果然，當我最後收到專案經理寄給我的三百本封面印著「大便的奇幻旅程」手冊時，我知道，我也成了她主管預言中的受災戶。

畏避型人格者的職場素描

以逃避的方式面對自己的工作，主管越督促他們，他們就越容易出包，進而造成很多問題。**雖然造成客戶的困擾，但主管卻不知怎麼管才好，這就是為什麼畏避型人格者的能力不好，態度又差，但卻能大量存活在職場的重要原因。**

仔細分析起來，畏避型人格者在職場中，就像癌症一樣會分期惡化。我把他們在職場裡的惡性程度，分成初期、中期和末期三個階段。

1. 初期：推拖閃躲飄

只要是當過兵的朋友，不管你是陸海空，你一定都聽過「推拖閃躲飄」的生存五字訣。

推：把長官交辦的事情推給別人。拖：把很快就能完成的事情拖很久。閃：在忙碌時候閃邊，讓別人都不知道你在哪裡。躲：別人要找你做事時躲起來。飄：別人在做事，你在旁邊飄來飄去裝忙。

登出國軍online後，還是有人拿「推拖閃躲飄」這一套在職場online繼續打怪。此時，身為同事或主管的你，就要特別小心了。醫院裡有個術語叫做，你不要被這些「馬」同事給「馬到」。「馬」不是「馬英九總統」的姓「馬」，而是惡性腫瘤malignancy的字首「mal」的發音「馬」。小心這些推拖閃躲飄的惡性腫瘤，可是會轉移、擴散，且無可救藥。

2. 中期：待久了，就算你的吧

畏避型人格內心最深的恐懼，就是面對批評所帶來的羞恥，所以他們往往選擇用逃避來應對。但一個人就算能力不好，職場待久了，總會做些幫忙訂便當、預約會議室，這類簡單的小事吧！畏避型人格和膽小型自戀人格一樣，他們有很強的察言觀色能力，這是躲避批評與尷尬的本能，所以年資尚淺的他們在長官眼裡，大多是乖乖牌，只要不出什麼大包，能力差點，也還算是個人力，不然好歹當作「獸力」使喚一下也行。

我曾和一位老師共同指導一位問題學生，他白天不知都混到哪去，只知道晚上都會出現在實驗室上網、吃泡麵，所以大家都叫這位同學「泡麵」。「泡麵」今年實驗再做不出來，就超過碩士修業年限，準備要被退學了。

我們整整約了一個星期，才在白天時段，把「泡麵」找來實驗室裡懇談一番。老師幫他想了一個簡單又容易做的實驗——吃泡麵前後的滿足感，還有血壓變化。這有心理反應，也有生理指標，勉強拿來畢業，也還說得過去。

我則是苦口婆心地交代他：「每個禮拜可以抓星期一和星期三，跟我們簡單回報一下進度，有問題，都還有時間可以討論或補救。」我認為這些做事的方法和態度，即使離開了學校到職場，也都一樣重要。

在會談結束的那天晚上，「泡麵」寄了一封錯字連篇，又充斥著注音文的e-mail感謝我。

他在信中寫道：

「林醫生：真ㄉ很謝謝尼跟我說ㄌ這麼多在學校和直場都用得到的淺規則……」

我心想他不只沒有理科頭腦，文科底子也不行。「潛規則」的「潛」寫成「淺水灣」的「淺」。我講的那麼多道理，原來都只是膚「淺」的規則啊！

隔天，我跟老師又聊了一下「泡麵」同學的能力既不好，態度又懶散，要不要考慮，他如果實驗做不出來的話，就讓他被退學算了。

老師搖了搖手，對我說：「算了，算了，趕快讓他畢業吧。他這幾年來，也幫大家訂了很多便當、買了不少飲料，而且很少像他這種願意晚上待實驗室的同學。這半年有個新實驗，剛好可以請他幫忙記錄一些老鼠夜間的血壓變化。」

我想想也是。待久了，就算你的吧！

3. 末期：辦公室的負能量中心

一年後，我見到的「泡麵」，是在臉書上一個「靠北ＸＸ」的社團。他已經算是個小有名氣的網紅了。他一樣錯字連篇，但可能就是這樣的樸實無華，總是能激起許多的按讚與分享：

「台灣ㄉ環境就是這麼差，不知到一直叫人家念研究所的叫獸是什麼心態？」

5566　76則留言　449次分享

「當老闆花更多精力監督員工
會透露出對員工的不信任
所以我要向全世界所有ㄉ老闆們呼籲：
要就要當大家的啦啦隊，也不要每天扯後腿
整天囉嗦把員工逼上絕路，不如惦惦當個吉祥物

#大環境真的很不好
#求求慣老闆放過我們ㄅ」

9487　94則留言　666次分享

畏避型人格的老鳥，最後常常會凝聚成公司裡的負能量中心。雖然他們的能力不好，但是不管在哪一家公司，都會有一個共同的話題：咒罵老闆、抱怨公司、罵一罵大環境，這樣的話題絕對政治正確。就算你不喜歡這些擺爛、不做事的老鳥，心情不好的時候，有人陪你一起訐譙公司，挖些老闆的陳年八卦來罵，也不錯吧！

但因為他們很喜歡傳播負能量，所以往往會造成公司的氣氛變差，甚至會讓一些員工感染到他的壞習慣，更嚴重的是，一旦公司這樣的人多了，老闆甚至會認為我們公司就只配擁有這樣的員工，這必然會削弱公司的競爭力，所以說畏避型人格就像是公司無法手術根除的癌細胞，也不為過。

畏避型人格者的心理剖析

畏避型人格特質的核心，在於害怕被批評帶來的尷尬與羞恥，因此，在職場上他們的心理特質會展現出「拖延症候群」和「被動攻擊」。

1. 拖延症候群

畏避型人格最明顯的行為特徵，就是「拖延症候群」。講難聽一點，擺爛不做比要做不做的拖延都還要好。他們總是到最後一刻才處理事情，因為他們面對任何事情的第一個反應，常常是推拖閃躲飄，還會有特別多的藉口。等到了逃無可逃，拖無可拖的最後一刻，他們常常狗急跳牆，這往往會麻煩到非常多的同事。

我曾經有幾次與一位部門祕書交手的經驗，她拖延的功力堪稱一絕，總是「人在辦公室，沒在辦公事」。等拖到快下班了，才開始處理早就該辦好的事情。

有一次，在下班前五分鐘，四點五十五分的時候，我接到她的電話。她開頭就不客氣地問我：「林醫師，有份明天中午就要給主任送出的公文，你怎麼還沒簽？」

我一頭霧水，打開電腦，收了信件，才看到祕書在四點五十分時，寄出這封我要批的公文。再看看公文的收發時間，祕書在兩個星期前就收到公文，而截止日確實是明天中午。

這就是畏避型人格者的問題。**他們之所以拖延，極有可能是因為拖到最後一刻，別人會幫自己打理好這一切，於是他們拖到最後，再用很急的方式，把責任轉嫁給別人。**

2. 被動攻擊

在第二次世界大戰時，美國精神科醫師用「被動攻擊」（passive-aggressive

behavior）來描述在大戰當前的壓力下，軍隊裡瀰漫的一種推拖、擺爛、沒效率的反應。

美國中央情報局（CIA）的前身戰略服務辦公室，在二戰期間，曾有一本祕密的小手冊《簡易破壞野戰手冊》，教導盟軍，如何用各種「被動攻擊」的手段，在敵對的軸心國裡成為擺爛的「豬隊友」，搞垮敵人。這本只有三十一頁在一九四四年祕密發行的小手冊，已經可以在美國CIA的網站下載。

其中幾條經典的守則，蘊含著許多我們討論過的病態的人格特質，在工作環境中如何被發揚光大。

◎「工作時，請記得一切都要慢慢來，事緩則圓」：畏避型人格的拖延症候群。

◎「無時無刻，把自己犯的錯誤歸咎成外在環境設備不好。切記，要把這些讓你無法把事情處理好的系統問題，好好痛批一番」：畏避型人格的散發負能量。

◎「為了更集思廣益，盡可能讓會議越大越好，最少不要少於五個人。一個人做的每件事都該化簡為繁，每件事都要三個人批准同意，才開始動工」：依賴型人格與畏避型人格的拖延症候群。

◎「對於不重要的產品，要堅持落實完美主義。一點點瑕疵，就要退回重做」：強迫性格的病態完美主義，加上畏避型人格的被動攻擊。

看看你的同事，以上的守則，他們是不是早就無師自通，而且已經身體力行一段時間了？畏避型人格通常是身為組織的最基層，他們最容易和依賴型的同事、強迫性格的主管連成一氣，而發揮被動攻擊最好的效果，這可是當年美軍最高機密的戰術，也是搞垮公司最猛烈的冷暴力手段呢。

與畏避型人格者的相處之道

1. 針對具體事實讚美

畏避型人格害怕被批評，除了不要用激將法或是帶有調侃的方式與他們對談外，更要注意他們的人際敏感度往往也非常高，一個輕蔑的眼神或是太過客套的稱讚，他都可能感受到你的敷衍或口是心非。

雖然他們需要讚美，但千萬不要口頭禪地老是說「你真棒！」這類和稱讚小朋友一模一樣的話，而必須點出他們具體的表現與成就，比如：「今天謝謝你把會議的大綱整理得很清楚，客戶也覺得時間掌控的細節做得很好。你真是幕後的大功臣！」

有兩句在職場上已經陳腔濫調到臭酸的話，也千萬別再用了：一是「辛苦啦！」，二是「三明治溝通法」。「三明治溝通法」大概是近一百年來在全球各大企業裡，職場溝通都會教的第一課。這堂課來自一百年前，美國總統柯立芝對經常出包的祕書的經典對談。柯立芝總統有一天對祕書說：「你今天的穿搭真漂亮，這份品味很適合你的氣質！」正當祕書心花怒放的時候，柯立芝總統卻接著說：「你如果處理公文再細心點，有檢查出裡頭的錯誤的話，我相信它也會和你一樣漂亮！」

但是這個把批評藏在兩層讚美間的老哏已經被用爛了，以至於很多人一聽到主管一開口客套的稱讚，就像聞到放了一百年的腐臭三明治，絲毫不會有被稱讚的感覺，反倒覺得作嘔。

2.少量多餐，劃清界線

把一件任務切割成許多小的里程碑，是避免拖延症候群的好方法。因為一項任務通常充滿了許多細節、眉角，而畏避型人格會因為一個小困難而卡關，一遇到卡關，他們就越做越沒信心，便一直拖延下去。更糟糕的是，畏避型人格進展到中、末期階段的時候，他們的負能量會越積越深，這一定會影響到團隊士氣，甚至聯合同事，一起攻擊主管。

特別是有些主管和同事，老是喜歡像媽媽照顧孩子一樣地照顧下屬和同事。**看到**

他們事情做不好，乾脆撿來自己做，甚至在分配工作時，每次點名到那位工作效率不佳的同事時，自然有很多自告奮勇要來幫忙的好心人，這都會更惡化畏避型人格的工作態度。

心理學有個非常著名的「比馬龍效應」。在職場上，當大家都覺得一個人很無能，那這位員工會因為同事們的眼光，而逐漸沉淪的自證預言。因此，主管必須要讓同事們與他劃清界線。自己的分內工作，就必須自己負責到底，而主管和同事需要扮演的角色，則是「少量多餐」地關心就好。

3. 被討厭的勇氣

畏避型人格在職場的存活率會這麼高，最大的元凶，常常是不想扮黑臉的主管。畏避型人格在剛進入職場時，他們的主管常常明知他們大有問題，但卻遲遲不願意出手解決。

因為很多主管害怕自己被貼上壞人的標籤，這就是所謂的「黑武士症候群」（Darth Vader syndrome）。所有人都想當好人，總想再給表現不好的人一次機會。因為當主管要痛下殺手，開除一名員工時，內心都曾經煎熬過，接下來，主管還必須承受「心狠手辣」、「慣老闆」、「溝通技巧差」……一連串的罵名。

還有些過度謹慎的主管，一看到超級擺爛的員工，會想到他們是不是背景、後台超硬，所以怕得罪他們背後的靠山。有些主管則習慣要看數字說話，也為自己的不敢決定，找個逃避的理由，但一個月、一季過去了，等到數字真的能反映出一個畏避型員工糟糕的情況時，主管往往已經錯過了黃金時期。

再過一陣子，等到這些畏避型員工待久了，主管又姑息地認為他們縱然能力不怎麼樣，但沒有功勞，還是有苦勞，甚至覺得開除他們，再重新面試找新的員工，是件很麻煩的事，就任由畏避型的員工癌化、惡化了。

我們都需要有被討厭的勇氣

畏避型人格在職場中的危害雖然不緊急，卻很致命。他們像惡性腫瘤一樣，慢慢轉移、蔓延到全身，等你發現，想要根除的時候，已經來不及了。所以**一位好主管，不只要政通人和，還要有被討厭的勇氣，以及「不施霹靂手段，難顯菩薩心腸」的手段與魄力**。別忘了，很多人在職場裡打混一輩子，可是奉行著日劇《月薪嬌妻》的原日文劇名：「逃避雖可恥但有用！」

第二部

冷暴力如何侵蝕與蔓延

第二部　冷暴力如何侵蝕與蔓延

一個握有權柄的主管，往往是職場冷暴力的主要來源，但別忘了，很多「豬隊友」同事，也是助長冷暴力的幫兇。事實上，在一個團隊中，或是某個制度下，還有更多複雜的交互作用，是形成職場冷暴力的原因。

印度聖雄甘地認為：「沒有邪惡的個人，只有邪惡的制度。」我並沒有這麼樂觀地贊成「沒有邪惡的個人」，而且更悲觀地認為，**在邪惡的氛圍下，心地善良的好人也會成為職場冷暴力的施暴者。**

接下來的章節，我把冷暴力的群體分成兩部分來分析。前三章是施加冷暴力的慣老闆的三種手段，後三章是豬隊友助長冷暴力的三種方式。

施暴者的三張臉孔

紐約大學政治學教授史蒂芬・路克斯（Stephen Lukes）把當權者如何施用權力，歸納成三種方式，而職場冷暴力也同樣是這三張臉孔。

（1）**直接運用**：是最簡單、粗暴地利用自己的權力來改變現狀。

（2）**暗中運用**：透過改變、玩弄決策的過程，也就是我們常說的「體制殺人」。

（3）**無形運用**：指的是所有人的意識形態都已被洗腦。看來已無須體制的運作，也用不著權力的介入。這是最高層次的冷暴力。

其實我們還在學校的時候，就已經開始嚐遍這三種冷暴力的面孔了。就以研究所學生逢年過節最怕被問到的「你什麼時候畢業啊？」這個椎心之痛做為例子談起吧。

1.簡單粗暴：冷暴力的直接運用

什麼時候能畢業？當然看老師囉！論文寫不出來，當然不能畢業，但是論文寫出來了，老師有可能一句話：「這篇論文的邏輯有問題，要再補做兩個實驗。」那麼，可能就得一年半載後才畢業了。

指導老師用上對下的直接介入，到底是你的實驗邏輯真的有問題？還是實驗室最近缺人手，得要你留下來？大家可能都心知肚明，但是指導老師一句話下來，你就是沒辦法畢業。

2.玩弄體制：冷暴力的暗中運用

就算你的研究論文確實無懈可擊，但剛好小心眼的所長，看你的指導老師出了這樣的高徒，心裡很不是滋味，於是在所務會議上提案：「現在是資訊爆炸的時代，學生如果沒有突出的競爭力，出了社會也是送死，所以我們應該扮演國立大學的社會責任，嚴格把關。」「本所博士班現行規定中，學生只要一篇影響係數四分的國際期刊，即可申請口試，這早就不合時宜，應該要兩篇影響係數五分以上的才行。」

不明就裡的教授們，聽了前一段冠冕堂皇的說詞，有的便糊里糊塗地舉手，投贊成票。幾個所長的狐群狗黨，推敲所長的提案，意在那死對頭，也就是你的指導老師，心中大底明白，他那高徒本是用兩篇影響係數四點五分的論文畢業，現在剛好落得要重新來過，於是又多補了幾票贊成票。

可憐這位高材生的畢業申請被所上的祕書退回，正想問個明白，卻只得到祕書冷冷的一句：「我只是依法行政，謝謝指教。」

冷暴力的暗中運用，說道理，不好了解，但舉了這個例子，你應能感受這份痛楚的刻骨銘心。

3. 集體洗腦：冷暴力的無形運用

由於報考人數越來越少，這間知名國立大學研究所的各大實驗室開始缺乏人手，有些教授便昧著良心，如所長那般「扮演國立大學的社會責任，嚴格把關」。從此，學生們口耳相傳，這間研究所訓練「精實」，別的碩士班，兩年可以畢業，但在這裡的「傳統」，都是三年半畢業。

自此之後，縱然有天賦異稟的學生，一年半就完成研究論文，但也自認訓練不足，而天才學生的指導老師，自也樂得輕鬆。有繳學費的人力，自願繼續賣命，哪有不用的道理。

當有學弟妹質疑大部分的研究所都是兩年畢業，怎麼我們都是三年半畢業的時候，學長姊還會跳出來，捍衛這是頂尖國立大學的傳統，像其他爛學校那樣隨隨便便兩年就畢業，才丟臉呢。

當所有的人被集體洗腦，施暴者、受害者全都糊里糊塗地，被這冷暴力無形地操控著。

受害者成為冷暴力幫兇的三種方式

冷暴力的受害者，也有三種反應：（1）呼朋引伴，組織動員；（2）正面衝突，逃避擺爛；（3）逆來順受，照單全收。我歸納出的這三種面對冷暴力的反應，是源自於生理學大師，史蒂芬・柏格斯（Stephen Porges）著名的「多元迷走神經理論」（polyvagal theory）。

這套理論是根據動物面對危險時的深入觀察。越高等的動物面對危險的時候，當牠們越有充裕的時間時，會優先選擇「呼朋引伴，組織動員」，其次是「作戰」與「逃跑」，而當沒有時間應對，或是威脅過於巨大，而無力面對的時候，才會「逆來順受，照單全收」，也就是「凍結」或「裝死」的反應。

我們用一對情侶看恐怖片的情境，來說明人類面對巨大危險的這三種反應。當恐怖的氣氛越來越強烈時，女孩抓緊了身旁男朋友的手，這是尋求「呼朋引伴」的最高等社交手段。當幽靈、魔鬼露出真面目時，女孩可能嚇得驚聲尖叫或是摀住雙眼，這是「作戰」與「逃跑」的本能激發。當一張噁心的醜臉占據整個螢幕，伴隨著一聲巨響，女孩嚇傻到一動也不動，這是最原始的「凍結」反應。

1.呼朋引伴，組織動員

「呼朋引伴，組織動員」是只有哺乳類以上的高等動物面對危險時，才會有的反應，而且還需要有充裕的時間，高等動物才會運用「呼朋引伴，組織動員」的手段。像是漸漸感受到電影裡恐怖氣氛的女孩，她不是突然間受到驚嚇，所以才有時間，抓緊了身旁男朋友的手，以呼朋引伴來面對危險。

雖然「呼朋引伴，組織動員」是最能夠直接克服職場冷暴力的方法，但是職場的氛圍沒有改善，冷暴力的氣焰依舊囂張時，「呼朋引伴，組織動員」就會變得虛假而僵化，而職場裡，看似人際關係超好的裝熟大王或是老油條，就是這樣來的。

2.正面衝突，逃避擺爛

我們在動物頻道裡，常常可以看到野生動物「作戰」或「逃跑」的本能激發，因為只有少數的高等動物會「呼朋引伴，組織動員」，而大部分的動物，還是如俗話說的「作鳥獸散」。牠們只會判斷這個危險大不大，該「作戰」，還是「逃跑」。

女孩突然看見恐怖電影裡的魔鬼時驚聲尖叫，這是生物面對危險「作戰」時的本能反應，而摀住雙眼，則是「逃跑」的反射行為。不過，在職場上的「作戰」與「逃跑」，我們更常見到的，是像拍桌子對罵這樣「正面衝突」的作戰，以及「逃避、擺爛」的方式來逃跑、應對。

3.逆來順受，照單全收

「凍結」與「裝死」是低等動物最原始的本能反應。當我們對正在爬行的毛毛蟲，發出一聲巨大的聲響時，毛毛蟲會「凍結」蜷曲成一圈，從樹葉上掉下來「裝死」。這種最原始、低階的「凍結」和「裝死」，可能有機會讓猴子或毛毛蟲面對天敵時，逃過一劫。

看電影的女孩面對突如其來的恐怖畫面，驚呆嚇傻的反應，和低等動物的「凍結」與「裝死」是同一種本能反應。面對巨大而令人絕望的職場冷暴力時，**「逆來順受，照單全收」地奴化馴服**，就是只用低等大腦的原始反應。但這樣，非但不會有機會逃過一劫，**反而會讓施暴者更肆無忌憚，冷暴力的受害者，也將漸漸變成更悲慘的奴隸。**

接下來，我們介紹三種冷暴力的直接、暗中、無形運用，以及受害者從最原始的「逆來順受」，再到「正面衝突，擺爛逃避」，以及當最高等的「組織動員」僵化的過程，來分析冷暴力在群體的交互作用之下，如何侵蝕與蔓延。

冷暴力的直接運用（一）：簡單粗暴

女王的「人工」與「智慧」

手機大廠研發部的主任工程師Elizabeth是一位作風強悍的職場女強人。年近半百的她，風韻猶存。因為她的英文名字Elizabeth（伊莉莎白）和英國女王同名，所以大家都直接尊稱她為「女王」。

研發部除了「女王」外，只有另一位女性資深工程師，算是女王的學妹。能在這陽剛味很重的單位裡脫穎而出的女性工程師，其實都很有兩把刷子。

女王最近在全公司的一級主管會議中，提了一個用最新的「人工智慧」（Artificial Intelligence，簡稱ＡＩ）技術，改善營運流程的億元專案計畫。其實當所有人聽到這個構想時，都驚呆了，不過大家也都覺得女王身為主任，會主動提出這個不可能的任務，應該是有她的辦法吧。

原來「女王」的祕密武器，是她今年帶的一群建教合作實習生。這些實習生都是台清交的高材生，對於各式各樣的人工智慧技術，都會個一招半式。「女王」雖然也是資訊工程科班出身，但早就和這些最新科技脫節，不過，她調兵遣將的人事手腕，倒還是走在時代的尖端。

女王把所有的工作分配給實習生。實習生們寫好程式後，每週，她都安排「督導」會議。一個月下來，竟然也變出了三千行的程式碼。當然，她什麼都不懂，這三千行程式碼全部都是實習生合力寫出來的。**女王藉由督導名義，把所有的程式碼占為己有**，這真是「人工智慧」的極致。女王把實習生當「人工」，自己則盜取了「智慧」。

靠著這件案子，女王立下大功。大家都相信，年底前，女王就能登上夢寐已久的研發副總寶座了。

解析簡單粗暴的冷暴力

1. 缺乏同理心的人格特質

在職場上，敢如此大剌剌地使用冷暴力，大多是反社會人格與狂妄型自戀人格。反社會人格與狂妄型自戀人格都是屬於沒有同理心的人格特質，所以他們運用冷暴力時，當然不會考慮到別人的感受。

但反社會人格與狂妄型自戀人格施暴的出發點，可能有些許不同。反社會人格之所以直接使用冷暴力，在於他們是純粹的利己主義者，只要讓他們覺得可以藉由某些手段來達到目的，他們會毫不遲疑地運用。我有位同事，簡單粗暴地說出反社會人格強烈利己主義最真切的心聲：「有錢，大家都好。沒錢，你娘卡好！」

至於狂妄型自戀人格使用冷暴力，對他們來說，這是再自然不過的事了，因為他們就覺得自己是女王、是神，他們的出發點就是只在乎自己。

不管是反社會人格或狂妄型自戀人格，在他們的心裡，不管是實習生、屬下，乃至同事，對他們來說，都一如免洗筷一般，用完就丟，但這其實也是他們的弱點，特別是狂妄型自戀人格，因為他們往往忽略了這些簡單粗暴的手段，會招來受害者的反撲，不過，他們毫不在乎。

2.一般人也可能毫不手軟地「依法施暴」

史丹佛大學曾經做過一個非常著名的「監獄實驗」。讓正常的大學生逼真地分別扮演監獄裡的獄卒與囚犯，而獄卒可以隨自己高興地虐待囚犯。

這個原本計畫為期十四天的研究，卻只進行了六天就提前結束。原因是「獄卒」的手段，一天比一天殘忍。幾天下來，許多「囚犯」都被凌虐到精神崩潰了。

史丹佛監獄實驗告訴我們，原本好好的大學生，有可能「依法施暴」，成為最壞的施暴者，而**當好人變成了施暴者的時候，施暴者並不認為自己成了施暴者，他們認為受害者罪有應得，自己只是奉命行事而已。**

3.受害者的反應，關乎公司的前途

女王在這家公司可以如此橫行，其實反映了一家公司的職場文化。由她的案例看來，這家公司的員工大都以逆來順受、照單全收，承受女王的職場暴力。

我相信當然會有人想反擊，但他們可能被其他員工所阻止，尤其是當公司裡大部分的員工，都習慣逆來順受地忍受施暴者的權威時，這股簡單粗暴的氣焰，只會更加囂張。

但無論如何，**面對這樣的冷暴力，選擇忍氣吞聲，只會讓一家公司藏污納垢的情況越來越嚴重，最後往往會造成組織的覆亡。**

因為直接運用冷暴力的手段，很快就會讓組織成為一言堂。一切順從專斷獨裁的個人意志，而在不知不覺中走向滅亡，甚至被時代所淘汰，因為他們已經無法了解外在時代的變遷。也因為直接使用冷暴力的關係，造成公司裡面只剩下沒有思考能力，只會奉命行事的奴工，導致公司到最後就失去了競爭力。

我認識一位即將退休的ＣＥＯ，他打算把自己縱橫商場的故事寫成一本書。他沒請專人撰稿，而是要全公司不分上下，各自寫一段他們眼中ＣＥＯ的故事，再集結成一本奮鬥史，而且兩個月內就得要交稿，以趕得上在他的榮退會上發表。

最後，這本書主要是由年資不滿半年的菜鳥們，胡亂拼湊寫出來的。格式不統一，內容也亂七八糟，但ＣＥＯ連看都沒看，就直接找了幾家出版社，還廣邀媒體朋友在他的榮退會上，多安排一場新書發表會，接受採訪。

這本東拼西湊的爛書，根本沒有一家出版社願意出版，因為內容根本不能看。ＣＥＯ很納悶，常對好朋友說，「不知道出版業到底是不是病了？像我這樣國寶級的企業領導人，不出我的書，傳承智慧的結晶，這社會怎麼會進步呢？」

這位ＣＥＯ慣用簡單粗暴的手法，把專業的事當隨便的事，交給全公司的菜鳥執行。公司的同事，也只是會照單全收命令的奴工。他們完成任務就好，不會，可能也不想幫老闆好好考慮這本書究竟有沒有市場、有沒有前途。

這位ＣＥＯ應當慶幸自己生而逢時，到退休前，都還不知自己是要被時代淘汰的老古董。如果他晚生個幾年，恐怕就得多嚐嚐時代洪流的無情了。

如何終結簡單粗暴的冷暴力？

女王後來如願當上研發副總了嗎？我想她做夢也沒想到，自己的命運會栽在這幾個實習生的手上。

在一場與實習生們的期末座談會上，女王以企業導師的身分要大家談談，實習畢業後，未來打算要做什麼。一位陽光男孩心直口快地說：「這兩個月在大企業裡，才了解研發不只是研發，還要考量很多行銷、業績、人事的問題。我想我比較適合找間小公司，單純點，專心寫程式就好了！」

女王輕蔑地笑了笑，隨口說了句：「你如果是女生就算了。你是個男生，怎麼這麼沒出息？」

想不到這番最沙文主義的話，竟然出自一位女性主管的口中。這些高材生們原本想說實習被當個廉價「人工」就算了，沒想到，女王竟然還出言侮辱他們的「智慧」。

當天晚上，他們就分別寫信，向公司、學校和媒體投訴女王把程式碼竊為己有，以做為公司專案計畫的惡形惡狀。最後，逼得女王不僅升官無望，還趕緊提出自願離職。

1.「簡單粗暴」的弱點，在於「簡單粗糙」

女王被一群她根本不放在眼裡的實習生扳倒了。二十年來，她慣用的簡單粗暴手段，怎麼突然不行了？

真正的關鍵在於，以前的員工都是以照單全收或逃避的方式，來面對女王的簡單粗暴，她也是非常如魚得水地享受了一段王者的時光，但她沒仔細想過，以前的實習生在白天受到了委屈，晚上回家頂多生生悶氣。

但現在時代不同了，簡單粗暴的方式，在資訊流通快速的年代裡，會更顯得簡單而粗糙，容易被抓到把柄。光靠著Line與用Facebook的群組串，這群實習生就用呼朋引伴的方式，組織動員，向學校、公司投訴，簡簡單單扳倒了女王。

2.是老闆糟，不是我很糟

或許你覺得這群實習生能扳倒女王，有點誤打誤撞，但**面對直接用冷暴力的施暴者，千萬不要用合理化的方式，把冷暴力合理化，而且在職場遇到這種氛圍時，永遠記得告訴自己：「是老闆糟，不是我很糟！」**

研發部的同事們到底念舊，心想好聚好散，還是幫女王辦場歡送會，順便找她的學妹，也是新任的研發副總來當主持人。

學妹平常大概也受夠了女王的欺壓，致詞時，竟然脫稿演出：「主任在公司辛苦奉獻了二十年。她的人生終於在今天畫下了句點。」

女王聽到這番詛咒，臉都綠了。其他人則是想笑，卻不敢笑，但全公司的LINE都同步瘋傳這句經典名言，因為這就是面對女王二十年來的職場冷暴力，最真切的心聲啊！

冷暴力的暗中運用（二）：玩弄體制

我有一位才華洋溢、熱情有創意的記者朋友，他的英文名字叫Patrick，所以大家就用《海綿寶寶》裡的中文翻譯，給了他一個很可愛的綽號「派大星」。原本總是神采飛揚的派大星，在年中的一次聚會中卻悶悶不樂的，一句話也沒說。一問之下，才知道他很懊悔自己錯過了為人父親重要的一刻。

派大星在國內一家知名的媒體集團上班。在他所屬的部門裡，有兩位決策主管。他們的英文名字都叫Joe，所以總編輯就被叫「大喬」，採訪主任就叫「小喬」了。

「大喬」總編看起來憨呆憨呆的，但實際上是個手腕高竿的人。他常常不動聲色地把很多麻煩事「喬掉」，所以「大喬」之名，可說是當之無愧。「小喬」看起來為人和善，辦起事來，也算得上四平八穩，但大家都知道，他跟著「大喬」總編這麼多年，經歷過大風大浪，但卻雙手半點也沒弄髒。「小喬」主任想必也是個不好惹的人物。

有次編輯會議結束後，派大星向小喬主任表示，希望下個月能請五天的休假，一天參加寶貝女兒的小學畢業典禮，接下來幾天要去杉林溪三天兩夜的露營，所以想請小喬當職務代理人。

派大星想到這三年來的每個夏天，小喬都找他當十四天長假的職務代理人，方便小喬每年陪小孩、老婆出國玩。這回，他請小喬幫忙，也算得上合情合理吧？由於大喬總編和小喬主任都在場，小喬還點了點頭，於是，派大星早早就送出了假單。

沒想到，就在派大星休假第一天的早上，全家人正高高興興地要出發去女兒的畢業典禮，卻突然接到小喬主任怒氣沖天的電話：「你今天怎麼沒來上班？公司今天忙得要命啊！」

派大星聽了一頭霧水：「上個禮拜編輯會議後，我不是麻煩你代班了嗎？」

小喬主任冷冷地說：「誰說你可以放假了？你的假單呢？」

派大星急忙解釋自己的假單早就送出去。小喬的電子差勤系統應該三天前就有收到才對。

小喬主任冷笑一聲：「你隨便傳一張假單，我就該死要幫你核准嗎？」

派大星揮揮手，示意太太先帶女兒出門，急著說：「那天總編也聽到我說要請假，你也點頭答應了，所以我以為——」

「所以你以為公司是你家開的？就可以這樣不負責任，說請假就請假嗎？」別看小喬主任平常客客氣氣，遇到切身利益，想不到竟然如此斤斤計較，每句話也是刀刀見骨啊！

派大星只得缺席了女兒的畢業典禮，回到公司，剛好這天下午又有例行的編輯會議，派大星再次「正式」提出明天開始休假三天。

這時，小喬主任低著頭，繼續滑手機，裝作沒聽到，其他人也默不作聲。

大喬總編巧妙地打了個圓場：「如果代班有這麼難的話，不如就直接找我當代理人吧！」

但大家都知道，明天開始大喬總編要出差到上海一個星期，怎麼可能找總編當職務代理人。

於是，「派大星」幫寶貝女兒原本規劃好的三天兩夜露營，也就這樣泡湯了。

體制傷人，往往只有照單全收的分

派大星問我：「你是精神科醫師，像小喬主任這樣的傢伙，到底該怎麼對付他？」

我想了一會兒，搖搖頭，告訴派大星，這真的很難，**因為這是一個非常緊密的共犯結構**。

第一個關鍵在「大喬」總編。他喬事情的手段，像極了明朝的萬曆皇帝——不郊、不廟、不朝、不見、不批、不講。萬曆皇帝二十八年不上朝，讓滿朝文武自己去廝殺，自己去喬出個輸贏。

大喬總編對於小喬主任對派大星的霸凌，他絕對心知肚明。但大喬多年的職場經驗告訴他，這時候，別站在小喬主任或派大星的任何一邊，讓他們自己解決是最好的辦法，而且比起派大星這位明日之星，大喬有可能更需要小喬幫他，所以，這時候他只要施捨給派大星一句「直接找我當代理人」這不可能實現的幹話就夠了。

第二個關鍵在於會暗中運用冷暴力的人，都像小喬主任一樣，是熟悉公司內部權力結構的資深員工或主管。他們懂得規章、程序的眉角，知道如何改變決策過程而影響決定。小喬就利用了請假規則的漏洞，對派大星發動冷暴力攻擊。

小喬和派大星有著極大的權力不對等。派大星只想到每年都當小喬十四天的職務代理人，哪料得到，小喬連幫他代理五天都不願意。這種職場冷暴力的受害者，通常只能啞巴吃黃連，苦吞下一切。

以我對派大星的認識，他的天分與衝勁，一定讓小喬多少有些眼紅。雖然他們年資差很多，派大星不太可能影響小喬主任的升遷或前途，但別忘了，職場上這樣莫名其妙的犯小人，多半是因為我們刺傷了膽小型自戀人格的玻璃心。小喬趁機修理了一下派大星，讓他知道誰是老大，誰是小弟。機會教育一下，剛好而已。

至於傳說中的職場正義，本來就是展示時刻才會拿出來的奢侈品。

共犯結構的血統證明書

最近大喬總編和新聞界的幾位產官學大老一起出了本新書，我才知道深藏不露的大喬，有著傲人的學歷。不過新書發表會上，大家議論紛紛，「這本手冊第一章的作者，不是去年底早就掛了嗎？」

第一章的作者，是一位高齡九十歲的黨國元老。元老晚年旅居美國，而且長年臥病在床，插著鼻胃管，還氣切，根本不能說話，也無法寫字，但元老這塊神主牌是大喬總編的學經歷的血統證明書，所以人死了沒關係，還是要放在第一章，以證明大喬一脈相承的根正苗紅最重要。

大喬總編宣布：小喬主任下個月將到哈佛大學進修一年。傳承著留學第一代的已故黨國元老，第二代學者出身的大喬總編，做為本社第三代的台柱，小喬不只實務經驗足夠，在新聞全球化的今天，主管的國際觀，一直是本社能維持優質報導的根本。

派大星被小喬修理不是偶然，而我們唯一可以做的一件事，是不要再捲入他們的共犯結構。這家媒體集團看似光鮮亮麗，還可以香火綿延，但制度早就已經腐敗，而且所有人還很容易在不知不覺間成為加害者，就像是明朝到了第十四代的萬曆皇帝，依舊傳了幾代，但是歷史學家說「明亡始於萬曆」。萬曆皇帝雖然不是亡國之君，但是腐敗的體制，卻在他的手中，早已被玩壞。

老鼠窩

有一次我在一家合作廠商的茶水間，聽到專案經理和菜鳥業務員的閒聊。

經理：「你來上班第一個禮拜，你覺得三樓的『老鼠』怎樣？」

菜鳥業務員：「三樓很乾淨，哪有什麼老鼠？」

經理：「『老鼠』是人啦，不是真的老鼠，就董事長辦公室門口的那四隻！」這四隻「老鼠」的年資都超過二十年。每天上班就是上網看新聞、泡茶聊天混到下班。有次董事長和幾位重要客戶開會，談到興高采烈處，可能講話大聲了點，其中一隻「老鼠」竟然嫌太吵，打擾他們看奇摩新聞，還直接衝進董事長辦公室開罵。

董事長打算退休後讓大女兒接班，所以先讓她擔任特助，實質上已經是代理董事長了，但她就是叫不動這四隻爬在董事長頭上的老鼠。

董事長千金做起事來綁手綁腳，乾脆當起宅女，躲在辦公室裡，不接電話，也不出來開會做決定。偶爾出來露個面，就當公司裡的吉祥物「米老鼠」就好。

終於有一天，看不下去的「覺醒員工」們和公司元老們聯合起來，決心要徹底改革。由於老鼠平常只做些打雜的小事，所以首當其衝。老鼠知道眾怒難犯，倒也老神在在地欣然接受重新分配的工作。這一幫覺醒員工看機不可失，連夜整理成一份會議記錄，寄給全公司，公告老鼠們新的工作執掌。

只是隔天當大家收到這封信時，也收到了「米老鼠」回覆給全體員工的一封信。大意是說老鼠們年資深遠，勞苦功高，公司發展有賴老鼠們指點迷津，而上一封信提到執掌新工作的事，全不算數，因為根據本公司的組織章程，滿二十年資深員工的工作執掌變更，必須要在股東大會中討論，所以明年度的股東大會後，再另行公告。

一年後，我再次造訪這家合作的廠商。眼見全公司的員工，都懶懶散散地盯著電腦。年資淺些的逛臉書，年資長些的，就看奇摩新聞。整間公司裡，滿滿的一窩老鼠。

冷暴力的無形運用（三）：集體洗腦，操控意識形態

「我的老長官，真不愧是『九全老人』啊！」榮退會的晚宴時，「九全老人」的得意大弟子陳副總，在一幫老臣面前一語雙關地說。

大家都知道這句話隱含著各種酸甜苦辣，千頭萬緒。真不知是挖苦，還是嘲諷。

副總口中的「九全老人」是一位財務部出身的總經理，能在研發、行銷、業務三足鼎立的公司，以「財經專長」當上總經理，他是第一人。在這間人才濟濟的跨國公司，不到四十歲就當到總經理的，他也是第一人。

實際上，只有他身邊的人才知道，總經理最傳奇的，是他雖然出身財務部，但其實是個數字白痴，根本看不懂財報。然而，「九全老人」是個遠近馳名的權謀高手，他那低沉的嗓音，就算是和顏悅色地說話，也頗具有黑道勒索的效果。

有次，他在茶水間遇到張科長，說了句：「小張啊，這兩年公司景氣很不好，最近攏無啥米企劃案ㄋㄟ……」張科長立刻率領幾位同事，組成戰鬥團隊，連夜趕工，三天後就交出了兩份企劃案，請總經理「指導」後，再安排高階主管會議，逢迎拍馬一番。

「今天我們要討論的，是總經理親自寫的企劃案。總經理雖然現在日理萬機，但還是不忘我們最基層企劃的基本功。我們科長、經理一季才寫得出一份企劃案，總經理自己就親自動筆寫了這兩份！」

為什麼「九全老人」的一句話，就能讓張科長像是心電感應般地聽從指揮呢？因為像張科長這樣稍有年資的員工，都聽過當年和總經理「九全老人」同年，但勢如水火的黃處長的下場。

那位黃處長的人脈和能力都不是「九全老人」的對手，只是「九全老人」懶得動他而已。直到有天，「九全老人」和他一票高階主管經過黃處長的辦公室門前時，「九全老人」淡淡地說了句：「這個黃仔辦公室還在這裡啊？」

一個禮拜後，馬上有數十封檢舉黃處長挪用公款、洩漏公司機密、性騷擾下屬的匿名黑函，雪片般地傳遍全公司，要總經理主持公道，務必要大義滅親。

黃處長知道面對這些莫須有的罪名，多辯解也沒用，乾脆請辭不幹了。

「九全老人」的典故，就是挖苦總經理，像自稱「十全老人」的乾隆皇帝，但少了看懂財報這項專長，所以「十全」就變成「九全」了。另外，總經理是個權謀高手，即使是他的大弟子陳副總，也不知吃過多少悶虧。其實大家期待他的「榮退」不知等多久了，更巴不得他早日駕鶴西歸，含笑「九泉」，去做他的「九泉老人」。

冷暴力運用的最高境界

「九全老人」的那一句：「這個黃仔辦公室還在這裡啊？」和大明王朝一件令人毛骨悚然的慘案如出一轍。

明朝第一位首輔大學士解縉，因為一個小錯被人誣告陷害關入大牢。解縉這一關就是十年，關到明成祖永樂皇帝都忘了。有天，錦衣衛總指揮紀綱向皇帝報告囚犯名單，永樂皇帝一聽到「解縉」這個昔日首輔大學士的名字，隨口說了一句，「解縉還在啊？」

紀綱左思右想，「『還在啊？』是什麼意思呢？」這位錦衣衛總指揮盡責地揣摩皇帝的意思。過了幾天，在一個大雪紛飛的夜晚裡，紀綱把解縉從監獄裡拉出來喝酒，將解縉灌得酩酊大醉後，直接把他活埋在雪堆裡，活活凍死。

無形運用冷暴力的施暴者，不需要直接指示動手，也不必暗中改變什麼規則體制，**只要一句話，所有的團隊與體制自然就會揣摩上意，精心選擇該用什麼手段來「處理妥當」**。

像「九全老人」這般運用冷暴力於無形的施暴者，是哪種人格特質呢？我認為能將冷暴力運作得如臻化境，這已經和哪種人格特質沒有太大的關係了，因為**問題出在整個群體的氛圍，讓冷暴力已經無所不在，這是最惡性的一種權力施展**。如同當癌症已經轉移、擴散、蔓延到全身的時候，再去區分它到底是肺癌、乳癌，還是食道癌，對存活預後可能已經沒有太大的意義，這就是甘地說的「沒有邪惡的個人，只有邪惡的制度」。

陳副總是知名商學院畢業的高材生，比起國中畢業的「九全老人」，卻心甘情願地言必稱「老長官」，是因為他確實從「九全老人」身上學到很多用人的技巧，而「九全老人」有了陳副總這個得意門生，做起事來，也如魚得水，特別是數字複雜的財報，完全難不倒他。別人無法解決的問題，到了「九全老人」手上，因為有了得力助手，都迎刃而解，而且經驗老到的他，還可以抓出藏在細節裡的魔鬼，例如數字變化蘊含哪些市場脈絡或訊息，再用巧妙的人事安排，知人善任，搞定這些難題。

陳副總主持會議時，常掛在嘴邊的一句話，「唉呀！如果我的『老長官』在這裡，他一定會有更高竿的好辦法！」其實認識「九全老人」的都知道，他哪有這麼厲害，厲害的是他的「繼承者們」，三不五時把這塊「神主牌」拿出來造神罷了。

懂得操控意識形態的主管，幾乎都精於這樣的人事安排。他們把能力最好，又乖巧聽話的人，安排在自己身邊，他們好使喚、肯做事，還會幫你造神、吹捧。

一念天堂，一念地獄

控制整個系統，操縱所有人的意識形態，是管理一家公司最高的境界，但當握有這般的權柄時，領導人對整個公司的前途，將是一念天堂，一念地獄。

我到外商藥廠擔任醫藥學術顧問的第二年，總部在瑞士的諾華藥廠躍升為全世界最大的製藥龍頭。諾華一向以研發實力堅強聞名，而諾華的CEO約瑟夫・希門尼斯

（Joseph Jimenez）對研發的重視，也被認為是諾華成功最關鍵的推手。

我曾看過一段對CEO約瑟夫的專訪。記者問約瑟夫：「大藥廠同時需要兼顧非常耗費成本和高風險的研發，還有商業利益。你怎麼讓這個公司成為研發導向的公司？」

CEO約瑟夫說：「我只要到員工餐廳走一回，聽聽大家茶餘飯後的八卦話題就夠了。當員工的八卦話題，都在討論人事升遷公不公平、哪些部門又有什麼爭執的時候，我就知道這家公司要小心了。」

記者問：「員工聊這些很正常啊，你覺得哪裡不對呢？」

他回答：「這的確是人之常情，也沒什麼不對，但如果他們討論的是頂尖的《自然》（*Nature*）或《科學》（*Science*）期刊，又刊出哪篇重要的論文是出自哪個大學的實驗室，或是哪些重要的論文怎麼沒登上一流的期刊，這種學術界的小道消息，我就知道即使當時我們的業績正在下滑，但不久的將來，一定會蒸蒸日上。」

諾華CEO約瑟夫說的，就是他如何掌控公司員工的意識形態。今年初夏，我造訪麻省理工學院，校園對面就是諾華的研發部門。這樣以研發見長，躍升世界第一流的製藥公司，實在當之無愧。

同樣是掌控著意識形態，此是一念天堂，彼為一念地獄。

你怎麼還不逃命？

我曾跟過一位資深教授的門診，當時，有位年輕女孩一進到診間就泣不成聲地說，自己是學校的研究生，但念了四年，都還拿不到碩士學位。接著哭訴博士班學長姊如何欺負她，學弟妹又不聽她的指揮，老師非但不挺她，反而丟給她一堆陳年爛帳要處理，還告訴她：「你如果覺得這是不合理的訓練，要轉念想想，這是最好的磨練……」

老教授一邊寫著他開的處方簽，一邊跟這位女研究生好言幾句後，女研究生就離開了。這時老教授開始臨床教學，他問我：「這個人的症狀很容易診斷喔，你有看懂是什麼嗎？」我正想說：「這是明顯的憂鬱症吧！」

老教授倒是搶先一步公布答案：「她這是典型嚴重的『被害妄想症』啊，你應該看得很清楚吧！」

就在我大吃一驚的同時，老教授喃喃地說著：「唉！現在的年輕人啊……在學校多做幾件事，怎麼就哭哭啼啼的呢？才吃一點小的苦，怎麼就覺得老師、同學都要害她？下次如果還是這樣，我藥要再開重一點囉！」

我這才猛然發現老教授的處方，竟然真的是治療嚴重妄想症的高劑量抗精神病藥。

當冷暴力已被無形操作運用，全公司都像老教授一樣地洗腦自己，也洗腦別人。可憐的受害者，只有默默承受冷暴力的分，其實沒被當成被害妄想症，已經不錯了。

這時候我只想奉勸一句話：「快逃吧！」

冷暴力的應對（一）：逆來順受，照單全收

張院長與王主任這對師徒都是享譽國際的外科權威，而張院長更是一位以「視病猶親」聞名的醫學教育大老。有一次，我跟張院長的門診，當時有位患者手術後一星期回到門診，要拆掉縫合的線。

一般來說，比較麻煩的感染、手術後遺症，大部分是發生在回診拆線之前，也就是說這位患者已經算是度過難關了。不過，這位患者顯然比其他人焦慮許多，先是問拆線之後，傷口如果裂開怎麼辦，接著又問張院長開的藥膏是原廠的，還是台廠的。

就在她問：「如果傷口還痛的話，吃原本的止痛藥會有副作用嗎？會不會過敏？」眼見院長外頭還有快要五十位患者沒看，我心裡也著急地想：你不是已經吃了

一個禮拜，都好好的沒事嗎？怎麼還問個沒完？

這時，張院長開口了：「安啦！我張院長開的刀，你放心。有什麼問題，你就隨時打這支電話……」

頓時，我對張院長的「視病猶親」真是佩服到五體投地。別說忙碌的外科醫師，一般醫師也不會這樣隨便把私人電話給患者。要給，也是給醫院的電話。

院長遞了一張寫著電話的紙條，「來！這位王主任是我的學生。人很好，醫術又高明。你有任何問題，半夜都可以打這支電話給他！」

張院長就這樣把這位患者打發走，也把比他更忙的王主任給賣掉了。

只需要爬蟲類大腦的工作

原來，享譽國際的王主任只是張院長的工具人，我真想為王主任默哀一分鐘。

這時，張院長向我們這群學生開示：「當醫生其實沒什麼訣竅，第一要有愛心，第二要有耐心。不論患者有什麼困難，我們三更半夜也是要起來幫忙他。只要有愛心、有耐心，當醫生根本就不用特別聰明。」

「當醫生不用很聰明」這句醫界大老打的嘴砲，我從進醫學院就聽到現在，每次聽到都想吐了。醫師的判斷，攸關病人的生與死，誰都想讓自己生病的家人，給頭腦聰明的醫師來判斷診治病情。大老們說的「當醫生不用很聰明」顯然不是講給患者與家屬聽的，而是說給後輩奴才們聽的。

面對職場冷暴力，最無助的反應是「逆來順受，照單全收」，就有如爬蟲類或昆蟲這類低等動物，最低等的原始反應「裝死」。「逆來順受，照單全收」可能是冷暴力的各種明槍暗箭，發之無形，讓人無處閃躲，也可能是我們的同伴們，已經試過各種方法，卻無法撼動畸形、變態的職場文化，只得學低等動物「裝死」，就地臥倒。

看張院長對已是主任的學生，毫不手軟，其他院內員工，面對主管的各種不合理的要求時，一定也是唯唯諾諾，大氣都不敢吭一下，這不是和低等動物的裝死反應一樣嗎？

蘇東坡有首〈洗兒詩〉說：「人皆養子望聰明，我被聰明誤一生。但願生兒愚且魯，無災無難至公卿。」蘇東坡在職場歷經陷害的生死交關，也被貶到海南島、黃州、惠州等邊疆，所以他開玩笑地說，希望自己的孩子又愚笨又粗魯，因為這種人不會想太多，凡事「逆來順受，照單全收」，才能無災無難地在職場存活下來啊。

奴化三部曲

為什麼在冷暴力橫行的職場上，受暴者乖乖地奴化是最普遍的現象呢？這個答案說來殘酷，因為「逆來順受，照單全收」，是讓自己能夠過得最幸福的方式。**當遇到困難、危險的時候，為了降低大腦的「認知負擔」，我們會選擇相信一些最簡單的解釋。**

我們常常很難理解一些受家暴的婦女，在被毒打到幾乎生命垂危了，醫院裡的社工才發現她已經被家暴了數十年。更令人心疼的是，當社工詢問她們，為什麼沒有告訴鄰居或向親朋好友尋求協助，甚至要幫她們聲請保護令的時候，她們常常會說：「算了啦，可能是我前輩子欠他的吧！」

與其搬出滿是傷痛回憶的家庭，重新規劃自己的生活，受暴者寧可只要把這一切歸咎前世的業障，繼續默默承受下來，因為這是讓她最沒有「認知負擔」的做法。

科學研究證實，有宗教信仰的人，比無神論者過得更幸福，但更有趣的是，就算信仰邪教的人，他們也比無神論者過得幸福。因為任何信仰，就算是邪教，都可以降低我們的「認知負擔」。

而我們的大腦是怎麼降低「認知負擔」，以及面對冷暴力時，是如何放棄高等動物的「呼朋引伴，組織動員」，而退化成爬蟲類大腦的「逆來順受，照單全收」呢？心理學家指出，我們是透過「認知失調」（cognitive dissonance）的三項步驟，來降低「認知負擔」的。

「認知失調」的第一步是先「修正行為」，接著是「修正思維」，最後是行為與思維「同時修正」。

我當兵時是在非常「操」的野戰砲兵單位。我仔細歸納當兵都會經歷的三個階段，而每一個階段都有一句經典名言可以代表，這和「認知失調」的三階段完全一致，也和職場被冷暴力奴化的過程完全相同。

1. **修正行為**：剛入伍的時候，阿兵哥們不管伙食再難吃，寒流來了還要洗冷水澡，一切都先逆來順受，而且**說服自己「把不合理的訓練當作磨練」**。這是在修正自己的行為。

2. **修正思維**：下部隊沒多久，阿兵哥們發現除了環境不好之外，長官經常言語霸凌，同儕之間還有老兵欺負菜鳥等種種問題，除了修正自己行為，乖乖服從之外，還得**告訴自己：「在軍隊裡，什麼都是假的，只有退伍令是真的！」**因為修正思維後，認知負擔才會降低。

3. **同時修正**：你有沒有常常聽叔叔伯伯在閒聊時，講到三、四十年前當兵的歷程，他們一定會這麼告誡晚輩：「當兵雖然苦，但是可以讓一個男孩子變成男人，沒當過兵的就不算男人。是男人，就一定要當兵！」**長輩們同時修正了行為與思維，因為這能夠為過去的痛苦、浪費的時間，找到了合理化的意義。**公司裡的長官們不也是這麼說：「如果當年沒被老闆罵過、狠狠地修理過，哪有今天的我。」這是不是十分相似？

雖然大腦很好用，你、我也都有一個。但是要幸福，只要低等的爬蟲腦就夠用了。

最優秀的外科醫師

在上王主任的課之前，我聽過所有開刀房裡的醫護人員一致稱讚：「王主任是我們最優秀的外科醫師。」上課前五分鐘，祕書又介紹了一次：「等一下幫大家上課的王主任，是我們最厲害、最優秀的外科醫師。王主任是我們全院唯一沒有被院長罵過的員工。」

我第一次聽到一位高階人才的優秀，是以「沒被院長罵過」來定義，反倒不是他的開刀技術有多精湛。

王主任走進討論室時，不像一般醫師，急急忙忙地穿著醫師袍趕來上課。他笑盈盈地拿著一個青花瓷杯，沒架子地和大家坐在一起。

「『張爸』今天也會來嗎？」王主任尊師重道地凡事先想起了老師，接著說這個青花瓷杯子裡的溫水，原本是要準備給張院長的。

「來我們醫院，學會調配一杯溫開水，比任何手術的技術還要重要喔！」接下來的一個小時，王主任就只教了這一道技術工法。

「首先，用青花瓷做的杯子裝水，它高雅又保溫。再來，經過我二十多年來的心得，用飲水機上，以熱水和溫水七比三的黃金比例，剛好能調出一杯在一個小時的會議時，都保持溫度適中的水，這比泡咖啡還要難哩！最後，你再把一點調好的溫水，倒在手心上，親身感受一下，就可以放心孝敬你的老師了。」

我實在聽不下王主任這些狗腿、巴結的伎倆，故意問：「手指的感覺神經比較多，把手指伸到杯子裡測試，不是比較準嗎？」

王主任正經八百地提醒大家：「那可不行，『張爸』很敏感的，手指尖的汗水，『張爸』都聞得出來喔！」

忠誠的奴僕

「想不到這個『張爸』這麼難伺候！」我在員工餐廳裡，忍不住和同學抱怨。

一位外科總醫師聽見了，連忙糾正我：「嘿！學弟！『張爸』可不是你在叫的，要像王主任那幾位張院長的嫡傳弟子，才能叫『張爸』。如果我們這種小咖也叫『張爸』，不就和王主任平起平坐了嗎？」

唉，說得也是。奴才也是有等級之別的。我一邊隨手滑臉書，看到一位當老師的朋友寫：「深深覺得回家管兒子，比在學校管學生輕鬆多了，因為可以愛怎麼管，就怎麼管。」

我瞬間秒懂職場上，那些「張爸」、「李媽」是怎麼來的了。雖然他們沒有「張爸」還是「李媽」的基因，但是這裡的每位員工，都溫馴得像是同一個模子印出來的。

我想起聖經《創世紀》的這段話，「神說：我們要照著我們的形象，按著我們的樣式造人，使他們管理海裡的魚、空中的鳥、地上的牲畜，和全地並地上所爬的一切昆蟲。」

主管是神，員工像是神造出來的人，但他們都是同一個形象、同一個氣質、同一個沒有靈魂的死氣沉沉。與其說是管理萬物的人，不如說是最忠誠的奴隸與僕人。

冷暴力的應對（二）：正面衝突，逃避擺爛

哐噹一聲，店長辦公室的玻璃被砸個粉碎。辦公室裡的所有人都想不到，平常看起來溫溫吞吞的老皮，走進辦公室不到三秒鐘，竟然就發生這種事情。和老皮最要好的Sandy正走進店長辦公室，想看個究竟，一把鐵椅卻瞬間飛了出來，砸在Sandy的額頭上，鮮血直流。

幾位保全進來架住老皮的時候。老皮看到尾隨進來的店長，還止不住激動地飆罵：「幹他媽的當什麼店長？不是說今天整天在外面開會嗎？原來是躲在外面爽。我們店都要倒了，你還繼續欺騙客戶。把我們都當詐騙集團嗎？」

這幾年來房市景氣越來越差，連鎖房仲也收了將近兩成的分店。所有同事們都像老皮一樣心急如焚，也暗恨店長拿不出什麼具體的策略。最近要找他，還常常不見人

影，只說在外面開會。

全公司公認的好好先生老皮，到了警察局，還氣憤難消地要警察把媒體找來。他說，希望這件事能突顯台灣經濟的沉淪。他還要揭發更多房仲的黑幕。

老皮說自己不理性的舉動，是因為用心經營的他，由於公司的政策反覆，被客戶當成詐騙集團看待，讓他名譽掃地，失信於客戶，店長又冷眼不管，他才會忍無可忍。

我們真的只能正面衝突，直球對決嗎？

每次我看到像老皮這樣一心為公司著想的員工，情緒失控的激烈舉動，還有警民對峙的街頭抗爭時，我都會想，到底是怎樣的體制，還有這部國家機器，是怎麼讓他們憤怒到必須要使出這樣激烈的手段來抗爭。

我相信，他們的手段有多激烈、吶喊有多絕望，這份體制傷人的痛，就有多深。

正面衝突，是如同動物遇到危險時「戰與逃」的本能。或許在職場上，這可以激發出我們戰鬥的本能：

1. 適時地表達自己的憤怒

我在藥廠擔任醫藥學術顧問時，有次我認為行銷部門的一項宣傳違反行銷規範，而行銷處的產品經理卻三番兩次地拿出不同的版本，問我這樣改，到底能不能過關時，我對這樣鬼打牆的來回討論非常困擾。

我打了通電話給國外的主管，詢問她的意見。那位主管是個爽朗的西班牙大媽，她聽完我的困難後，淡淡地問了我一句：「你怎麼對那位產品經理表達你的憤怒？」

我愣了一下。告訴她，在業界做生意，不是「先有交情，才有交易」嗎？這樣打壞關係，以後在公司裡怎麼混下去。我也告訴爽朗西班牙大媽，我很難想像她生氣的樣子。她反問我：「難道你在台灣的公司裡，沒看過別人生氣嗎？」

好像真的很少吧！雖然大媽來亞洲也兩三年了，我還是試圖向她解釋，我們畢竟有個講究以和為貴的文化傳統。大媽笑著說：「那你們這樣真是不健康！」

「好吧，那你每個禮拜都要好好練習一次，怎麼樣適切地表達你的憤怒。」大媽給了我這道功課。

2. 真正的「以和為貴」

西班牙大媽要我做的練習，我第一次做就見效了。我打了通電話跟大媽報告，她依舊爽朗地笑著說：「看吧，職場上很多不合理的要求，哪有這麼理所當然。其實，你有臉拗我，我當然也有臉拒絕你。你可以表達憤怒，但不要太過分，當然也不要太客氣。」

怎麼大媽講的道理，聽起來有點似曾相識。還是大媽在亞洲待久了，也把東方文化的「中庸之道」融入了自己的行事風格。我翻開了文化基本教材的《中庸》，發現一開頭確實這麼寫著：「喜怒哀樂之未發，謂之中；發而皆中節，謂之和。」

原來，「以和為貴」的「和」本來就不是叫我們一味地忍讓、姑息。「和」是「發而皆中節」，白話來說，是能適度表達自己的情緒，收放自如，也就是大媽說的：「表達憤怒，但不要太過分，當然也不要太客氣。」

老皮的溫吞，只是不斷忍耐憤怒的假象。沒有學習適時正面衝突，表達憤怒的他，真的很不健康，而忍到最後一刻，他唯一表達正面衝突的一次，就成了玉石俱焚的翻臉喋血。難怪西班牙大媽要我每個禮拜都要好好練習一次，怎麼樣適切地表達憤怒。

3. 創造允許適度衝突的企業文化

與其讓員工自己摸索如何拿捏適度表達憤怒與衝突，一個重視溝通的組織，更應該創造「允許適度衝突」的企業文化。我親身經驗過曾經服務的外商公司輝瑞藥廠，推行「Straight Talk」（有話直說）企業文化的魔力。

有次業績總檢討（business review）時，一位處長提到麾下的小張連續三季業績都無法達標。副總問處長該如何改善小張的狀況。處長回答：「我們會先改善小張的餐桌禮儀。」

所有的人都一頭霧水，「改善餐桌禮儀」到底和業績有什麼關係，但處長顧左右而言他，畢竟小張是他的下屬，有些內情總是不方便明說。

副總此時說：「我們公司現在不是推行『Straight Talk』嗎？你就算說得過分點，也沒關係。大家就有話直說吧！」

處長因此釋懷地笑著說：「這小張做人海派，但有個缺點就是仗著自己酒量好，老是愛跟別人拚酒、搏感情。這招對熟人沒關係，但在有些客戶面前，就形象觀感不佳了。我說的『改善餐桌禮儀』就是這個意思。」

如果公司沒有舉著「有話直說」的大旗，平常總是拐彎抹角的對談，那麼確實會產生許多問題，其實如果可以用開玩笑的口氣，直指核心，但又不傷和氣，反而能直接把問題點出來，這便是允許適度衝突的「有話直說」的企業文化所布下的台階。

在每年一次的「企業文化日」裡，每個人都被發了一枚特別打造的精美金幣，一面是輝瑞的logo，另一面則是寫著「Straight Talk」。總裁在這個全公司齊聚一堂的誓師大會上，告訴大家，這枚金幣就像是失言也得以赦免的免死金牌。只要你覺得對公司有幫助的任何事，就拿出這枚免死金幣，放膽地有話直說。

包容允許適度衝突的企業文化，才是真正的誓師大會。**企業高階主管扛下被討厭的勇氣，才是真正能創造進步的職場。**鼓勵「有話直說」的這枚金幣與精神，我一直珍藏至今。

高學歷實習生

我有一位開法式餐廳的高中同學謝老闆，前一陣子，他因為一位特別的應徵者「小綠」而煩惱到失眠了好幾天。小綠是國立大學外文系畢業的高材生，她高中就讀的明星學校制服是綠色的，所以大家都叫她「小綠」。小綠的求職信裡只寫到自己特別喜歡謝老闆為這家餐廳打造的風格，因此無論多麼低階的工作，她都願意試試。

第一次有這樣的高材生來應徵，謝老闆又驚又喜，於是他想善用小綠的專長讓餐廳更加分，但他心中也有個大問號，像小綠條件這麼好的高材生，畢業三年了，竟然只有一段七個月的工作經歷，其他時間似乎都在待業中。

謝老闆經歷過MBA名校的洗禮，即使是餐廳的小員工，他也用大企業的規格尊重。他沒讓小綠經歷洗碗筷、端盤子這樣基層的工作，想直接栽培她設計、開發新菜單。謝老闆想了個兩全其美的方案：先讓小綠品嚐每一道菜色，做一份更精緻的中、英、法文菜單。小綠外語能力很優秀，文筆也是精湛，還拿過文學獎。謝老闆交代小綠兩個星期後給他一份十道菜的介紹，就放心地去分子料理的發源地——西班牙，找尋更多菜式的靈感。

但小綠一道菜的介紹都沒有寫出來。她的理由是她花了很多時間，想要比較自家餐廳菜式與其他餐廳的不同，所以她還需要一些時間。這個答案雖然不能讓人滿意，但謝老闆也接受了。過了兩個星期，小綠交出了一套龍蝦濃湯的菜式介紹，介紹裡，只有短短的三句話：「馬賽漁港特選龍蝦，配上精心熬煮的湯頭，風味非常鮮美。」

經過一個月的等待，只得到這樣普通的三句話，這讓謝老闆非常傻眼，但他沒有生氣，還和顏悅色地交待小綠，希望她整理一下這個月每天品嚐菜色的簡單心得，不必寫出來，過兩天後與他詳細討論看看。

隔天，小綠交出了幾行簡單的菜色介紹，但還沒等謝老闆開口，竟然就先大哭了起來。她抽抽搭搭地說：「我知道不管我怎麼努力，你都不會滿意的！」小綠哭訴這段時間的壓力，指責老闆沒有給她適應環境的時間，在她剛來上班時老闆就丟下任務，回國後，還一直逼她的進度。她知道這個時候離職對不起餐廳，也對不起關心她的同事……

逃避與擺爛，是職場上更常見的被動攻擊

小綠雖然不是「畏避型人格」，甚至職場上也有很多像她這樣高學歷、能力不錯，帶著完美主義的「強迫性格」，常常反射性地用「逃避」來面對職場上的挑戰。

「戰與逃」在生物學上是一體兩面。當遇到危險的時候，激發興奮本能的交感神經，讓我們在判斷有沒有勝算克服難關後，選擇戰鬥或是逃跑，也就是說，戰與逃同

樣有著攻擊性。職場上的正面衝突，是主動攻擊的戰鬥，而逃避與擺爛，則是更常見的被動攻擊。小綠對謝老闆餐廳所造成的傷害與損失，不亞於主動攻擊砸破店長室玻璃的老皮。

和「畏避型人格」在職場中的進化一樣，逃避擺爛式的被動攻擊，只是最淺的表象，他們還可能成為拖垮組織思想的負能量中心。謝老闆說他也怕自己在「靠北老闆」還是「靠北餐飲業」的社團裡黑掉。現在臉書一堆「靠北」社團，還有散發厭世、負能量的社群，已經讓過去激勵正向思考的心靈雞湯快要絕跡了，但這真的是因為職場上的憂鬱症要大流行了嗎？

厭世與憂鬱是兩種不同的心理狀態：**「厭世」**（cynicism）**其實不是「憂鬱症」，而是帶有攻擊性的「過勞」症狀**。厭世是充滿敵意的，是逃避與擺爛的被動攻擊手段，所以每天來點「負能量」，依舊是種能讓我們持續前進的「能量」，然而憂鬱的悲觀與絕望，就像電池沒電一樣，是會耗盡所有能量與動力的。不過，厭世和憂鬱都透露出需要被同理關懷的無助感。

靠北社團裡有各式各樣的職場委屈。在這類型的社團裡，不但可以盡情抱怨老闆，還可以酸一下春風得意的同事，最後再訐譙一下大環境不好，這不啻是一種支持性的團體心理治療。

「靠北社團」的副作用

但是**散發負能量的「靠北社團」，雖然能聚集同溫層，互相取暖、抒壓，但卻有一個慢性的副作用。這副作用就是這股負能量會讓我們在遇到問題的時候，更容易陷入一種「投射性認同」**（projective identification）**的簡化思考。**

小綠先前在學校以及短暫的職場經驗告訴她，像她這樣的菜鳥，一定沒辦法符合老闆要求，而且她每天收看的「靠北老闆」讓她感覺全天下的主管，都是刻薄的慣老闆，所以小綠就將自己腦補的慣老闆「投射」在謝老闆身上，而且「認同」了自己將會是那個被慣老闆欺壓的受害者。

很多高學歷、低成就的朋友們，都對職場有很負面的「投射性認同」，他們因此像小綠一樣，做起事來綁手綁腳，甚至在求職之前，小心翼翼地把老闆當賊來防。因此，小綠都還沒開始與謝老闆討論，她的「投射性認同」，就讓自己崩潰地認定「我知道不管我怎麼努力，你都不會滿意的」。

只是凝聚負能量取暖，雖然能讓自己好過一點，但不斷逃避問題，卻沒辦法解決問題。當然，公司的問題沒解決，我們每個月還是照樣可以領薪水，但是個人生涯的自我實現，卻永遠沒辦法解決而卡關了。

負能量的連鎖反應，讓我們在問題重重的組織裡，感覺越來越暖和，但這鍋越來越熱的溫水，將會在不知不覺間將自己給煮熟，而且自己將在不知不覺間，也成為職場冷暴力的共犯。

慣老闆可惡，但只會靠北慣老闆，卻逃避、擺爛的慣員工更可悲。九十六歲的前納粹軍官葛瑞寧（Oskar Groening），因為在集中營擔任過會計，在二〇一七年時被控謀殺罪，判處了四年的有期徒刑定讞，而且必須執行。但在二〇一八年初，葛瑞寧還來不及入獄服刑，他就在醫院過世了。納粹首領希特勒固然可惡，但像葛瑞寧這樣的追隨者卻更可悲。在希特勒死後的七十三年，葛瑞寧還必須受著法律的制裁與折磨。

世界猶太人協會主席勞德在葛瑞寧被定罪時的談話，值得所有職場冷暴力的共犯省思：「葛瑞寧只是納粹死亡機器中的一顆小齒輪，但沒有眾多像他這樣的人，那麼，包含數百萬猶太人在內的大屠殺，是不會發生的。」

靠北取暖再快樂，也不會改變上班的不快樂啊。

冷暴力的應對（三）：呼朋引伴，組織動員

一聽到阿達學長的演講訊息，我迫不及待馬上報名了。

阿達學長可是實驗室裡的傳奇人物。學生時代的阿達學長憨憨的，做起事來少根筋，所以大家都叫他「阿達」。不過實驗室改變了他的氣質，阿達穩紮穩打，接連發表了好幾篇論文在國際期刊上，而且他越做越起勁，也越做越有自信。當他博士班畢業的那一年，他已經在好幾個重要的國際會議上主持演講，談笑風生。如今「發達」的他，已和當年的「阿達」判若兩人了。

最近阿達學長主講一場新藥開發的學術研討會。我非常想聽他開發新藥的心路歷程，更想見見他蛻變後的風采。

「這次的新藥研發，我要特別感謝賴總經理在十年前，就與英國劍橋大學簽下產

學合作備忘錄，我們才能比對基因資料庫的大數據。我也要感謝黃教授從麻省理工學院帶回來人工智慧的分析技術……我們才有機會在癌症標靶治療的關鍵，取得重大的突破。」

台上的阿達學長，梳了個油頭，要不是說話的音調沒什麼變，我還真的完全認不得他了。他客套地講了一連串的感謝，和他當年有話直說、不修邊幅的模樣判若兩人。

台下生技產官學的大老們聽得如癡如醉，但也有人和我一樣抱著高度的好奇心，想知道癌症標靶治療新藥的突破到底在哪裡。

「我們團隊要感謝衛福部長官英明的領導，特別是食藥署和健保署，為台灣打造生技產業黃金十年的榮景……還有黃教授對我一路的提攜……」我統計了一下，短短不到十分鐘，他對「黃教授」已經致敬二十次了，是今天的主題「癌症標靶治療新藥」兩次的十倍，但聽到這兒，他好像還沒講到任何與新藥開發研究的內容，就已經是結尾了。

「最後，我要感謝李教授不吝借我幾位勞苦功高的助理。我真的萬分榮幸，能有這樣氣氛融洽的研究團隊……」

當他放上這最後一張「人丁興旺」的大合照時，我也滑手機找到了阿達的

Facebook。剛好有人上傳了此時阿達學長演講風采的照片，標上（tag）阿達學長，還註記了「大師開示」。下面如同匾額題字般「獲益良多」、「實至名歸」、「如沐春風」的各種留言，不斷湧入。

當最高等的戰術，變成了徒具形式的傳統

「呼朋引伴，組織動員」是高等動物面臨危險時才會運用的高級戰術，也是面對壓力，迎戰職場冷暴力最好的方式。還記得讓手段簡單粗暴的女王垮台的那一群實習生嗎？他們就是用「呼朋引伴，組織動員」終結了女王的惡行。

我相信阿達學長今天演講裡的每一分感謝都比「癌症新藥」更重要，這也透露出他學術成就的祕訣，是組織動員與人際網絡，但我在「呼朋引伴，組織動員」的高級戰術之外，更看到了阿達學長「養成習慣，建立傳統」的自動化行為，只是他這麼做，「呼朋引伴，組織動員」反而變得冰冷而沒有溫度了。

有則科學寓言這樣解釋，那些莫名其妙的傳統是這麼來的：一座關著五隻猴子的大籠子頂端掛著一串香蕉，籠子裡還有一把梯子。當猴子爬上梯子，要去拿香蕉的時候，就會有強力水柱把猴子沖下來，順便也把其他猴子沖得哀聲求饒。

當每隻猴子都嚐過這番苦頭之後，只要任何一隻猴子要爬上梯子，其他的猴子都會急忙把牠拉下來，痛打一頓。接著籠子裡的猴子一隻一隻地被換掉，換到籠子裡全部都是沒被強力水柱沖擊過的五隻猴子。但這時候，當有任何猴子要爬上梯子去拿香蕉時，其他猴子都會堅守傳統地把那隻猴子拉下來，痛打一頓。但沒有猴子知道為什麼要痛打牠，只知道這就是傳統。

裝熟大王

「小連主任」是一位幽默風趣、心寬體胖的資深主管，但當你叫他一聲「連主任」的時候，他一定會馬上糾正你：「唉呀，不敢當，不敢當，這樣折煞我也。以後請叫我『小連』就好。」

要叫這位資深、身材壯碩的主任「小連」，還真有點違和。好歹他那麼大隻，應該叫「大連」才對。總之，小連主任就是有這番諧星的氣質，讓他在鬥爭激烈的職場數十年來都悠遊自得，毫髮無傷。

我還是實習醫師的那一年，醫院正接受國際評鑑。評鑑是實習醫師最尷尬的時刻了，因為我們沒有正式的醫師執照，但又要執行很多第一線的臨床業務，所以一聽到

「委員來了」，我和其他幾位實習醫師就趕快找間值班室躲起來。等到外面安靜下來後，我第一個開門衝出去，本來想趕快溜回宿舍，沒想到和迎面而來的小連主任撞個正著。

小連主任身旁還有院長、副院長一干剛接待國際評鑑委員的長官們，但他倒也不慌不忙，一把緊握住我的雙手，一邊用他低沉又有磁性的嗓音對我說：「辛苦啦！有你在，一切都搞定了！」

原本驚慌失措的我，既覺得莫名其妙，又覺得好笑：我只是個一聽到評鑑就躲起來的小咖，哪可能會「有我在，一切都搞定了」？

當「裝熟」已成習慣

「小連主任的應對進退真的超強！」那天晚上聚餐時，我不由得讚嘆。

「我覺得小連主任的風格超像吳宗憲。」顯然小連主任的風格，是大家爭相觀察、學習的典範。

「才不是呢，小連主任是跟豬哥亮學的啦！他台味十足，很多哏其實都和《豬哥亮的歌廳秀》大同小異！」

「你們這樣講都不公平，小連主任的應對不是學的，是從當兵的時候慢慢摸索出來的。」八卦王子開口了。大家都閉上嘴，豎起耳朵來聽故事。

「小連主任當兵的時候和我爸同梯，當年他們新訓的時候，據說一百個，有九十九個是外島籤。小連主任就是那一個沒去外島的。不過，說他幸運，不如說那是他的實力。」

小連主任當兵的第一週，輔導長看看這裡百分之九十九的阿兵哥就都要到外島去了，所以叫大家在莒光日寫封家書給爸媽或親朋好友。當然，部隊裡的書信都是會被長官檢查的，小連知道要好好利用這點，在他的「家書」裡這麼寫：

「連戰伯父你好：

姪自從入伍以來，幸蒙伯父鴻福，雖有諸多不習慣，但有賴長官關照指導，一切甚好。唯聞恐將遣派外島，終日惶惶不安，每夜輾轉難眠，竟不能成書，望伯父海涵！也向勝文、勝武兩位兄長問好。」

交出家書的第二天一早，輔導長便召見了小連，懇談一番。下午小連也不必打靶了，換連長特別召見。接下來幾天，小連逛遍了營長、政戰主任、副指揮官等所有大官的辦公室。到了第三天，旅長將軍還特別泡了壺陳年的普洱茶，向小連諮詢了新兵的種種適應問題。

小連自然連籤都不用抽了。他非但沒去外島，還分發到一個超爽的空軍單位，安安穩穩地度過兩年的軍旅生涯。

小連主任說：「我當兵兩年來，看遍了軍隊裡的將軍、高官，每一個都是欺善怕惡的飯桶。『連戰伯父』和我『小連』說不定五百年前同是一家人沒錯，但行政院長連戰這麼顯赫的家族，只要稍微有一點常識的人，都知道連戰是獨生子，根本就沒有兄弟姊妹，哪來的姪子叫他伯父。我用『連戰伯父』的名號招搖撞騙，兩年來，沒半個長官去查證，就把我當成『連公子』好生伺候，一路吃香喝辣，爽到退伍。」

幾十年前面對軍中的高壓環境，小連主任「呼朋引伴，組織動員」的技巧，就已經抵過千軍萬馬了！

當「裝熟」已成傳統

今年我回母校演講在搭電梯時，遇見了小可學妹。小可學妹是當年的校花，大概因為連跳兩級的關係，小可講話總是帶著可愛的娃娃音，再加上小可學妹的身形嬌小，真是人如其名的小巧可愛。

「嗨！學長你要到幾樓？」我和小可一起進了電梯。我和小可整整十年沒見面了，但她還是一樣的娃娃音，和當年一樣嬌小可愛，只是披上了主治醫師的長袍。

「我要到八樓……」當我正想找什麼話題的時候，小可的娃娃音突然融入了小連主任的低沉嗓音：「學長真是不簡單啊！」如果有一台聲紋分析儀器，大概可以分析出這句話有百分之四十是小可的娃娃音，百分之六十是小連主任的低沉嗓音，混起來陰陽怪氣的。還有，搭電梯到八樓到底有什麼不簡單的，小可還真是學到小連主任那諧星般的無厘頭。

小可揚起了長袍的袖子，我不確定她是要幫我按電梯，還是要跟我握手。望著小可學妹，我想起了緊握著我雙手的小連主任，也想起了蛻變的阿達學長，更想起了害怕強力水柱沖擊，拚死維護傳統的那些猴子。

「你也辛苦了！」我擠出一絲笑容，和主治醫師小可握了握手。

第三部

冷暴力的檢測試劑與職場處方箋

第三部　冷暴力的檢測試劑與職場處方箋

職場冷暴力就像流行性感冒一樣，可以快速篩檢。但如何篩檢呢？以下的三個問題，就可以「快篩」出職場冷暴力的嚴重程度。

第一，長官是否總是在很不搭調的時機，用「我們公司是個大家庭」來信心喊話？第二，資深主管是否老是抱怨「一代不如一代」？第三，每年的尾牙表演，是否都是由最菜的基層員工擔綱演出？以下，我將會細細地剖析「我們公司是個大家庭」，是如何在複雜的人際網絡中藏汙納垢，再用各種科學鐵證，破解「一代不如一代」的迷思，最後指出每一年最讓人痛苦的尾牙表演，隱藏著哪些冷暴力的運作。

而當你受不了職場冷暴力時，我所提供的三帖處方，將分別是從主管的角度、轉職前的準備，以及決定離職的職場智慧來思考。

一張讓主管看懂誰可能跳槽的圖表，其實也有機會讓你換位思考，以知己知彼。而轉職前的準備，我則用自己的職涯歷程，分析讓自己想離開現在工作的「推力」，以及下一份工作的「拉力」。我認為**最理想的職涯發展，是能讓「拉力」遠大於「推力」，因為「拉力」將會為自己累積實力，甚至轉化成更進步的動力。**

在離職前，每個人都會擔心這個圈子很小，要怎麼做才不會被封殺，也能與老東家好聚好散。離職守則裡的職場智慧，就是我蒐集、整理各家說法，以及親身嘗試過的經驗談，希望能成為下定決心離職的你，最好的錦囊妙計。

檢測領導人：常用「我們公司是個大家庭」來信心喊話

我們公司是個大家庭，但我想離家出走

小傑是一位學校老師。他剛進這所學校不久，而恰巧學校裡的教務主任也榮升為校長。新校長是個典型的老公務員，做事一板一眼的。二十年來都沒啥特別的表現，但也沒犯什麼大錯。在熬了二十年後，好不容易輪到他當校長。

人事命令剛發布的那天，所有的老師都收到了一封「新校長布達上任晚宴」的信件。這場晚宴席開五十桌，比小傑參加過的結婚典禮都還盛大。信中指示全體教職員同仁的工作：

1. 全體同仁於晚宴時大合唱一首歌，以展現我們學校像是個大家庭一樣的溫暖。
2. 司儀一名，遴選一位資深主任擔綱。同時組織工作小組，負責場地接洽、布置等事宜。
3. 接待數位。請年輕老師負責。

老師們在收到信後議論紛紛。「五十桌的客人是包括歷任校長和退休老師的家眷親友，但我們只是剛來學校不到一年的菜鳥，怎麼可能認識這麼多人？這要怎麼做接待？」

坐在小傑對面的一位中年老師率先發難：「我還要接小孩，可能沒有辦法。你們新老師大多沒有家累，來這裡也快半年了，應該都有感受到我們學校是個大家庭的溫暖吧。藉這個機會，剛好可以多認識些前輩，拓展人脈呀！」

小傑心裡嘀咕：「我看不只要做接待，工作小組、場地布置可能全部都要落到我們這些菜鳥的頭上。」

接著，大家開始七嘴八舌地討論合唱的曲目。資深老師們想了老半天，只想得出〈我的家庭真可愛〉這首兒歌，只好請年輕老師想幾首跟得上時代的流行歌曲。有老師提議周杰倫的〈聽媽媽的話〉，還有〈爸，我回來了〉。

這項提議一出，馬上引起大家議論。有老師說〈爸，我回來了〉其實是講家暴的，〈聽媽媽的話〉會不會拍馬屁拍得太過頭了？但也有老師拍手叫好。不知道是真心，還是開玩笑地說，就把〈聽媽媽的話〉改成〈聽校長的話〉吧！

晚宴那一天，小傑忙進忙出地接待那些一個也不認識的來賓，資深老師則悠閒地嗑瓜子、聊天。晚宴的重頭戲來了，當〈聽媽媽的話〉音樂一響起，大家很有默契地搖頭晃腦地唱：

「聽校長的話，別讓他失望，想快快長大，永遠尊敬他。校長的白髮，幸福中發芽，校長的魔法，溫暖又慈祥……」

校長笑得合不攏嘴，與大家一起拍手唱和。主任、組長一干心腹幕僚們，也聽得陶陶然，沉醉在一片和樂融融的旋律裡。

一、為什麼領導人老愛喊「我們公司是個大家庭」？

1. 能快速凝聚向心力

「我們公司是個大家庭」有一種莫名的荒謬感，因為這是一句沒有感情，只有口號的空話。利用這樣的口號來凝聚向心力，就像是先上車後補票，先說大家是一家人，然後慢慢去經營一家人的情感。

家人之所以成為家人，是因為愛的結合，是辛苦的養育、溫暖的關懷與無限的包容，一點一滴所建立起來的情感。這份需要時間經營的情感，卻成為凝聚向心力的口號。其實，這樣的口號，只能讓「一群人」聚在一起，但「一群人」不會因為一句口號而變成「一個團隊」，更不可能成為家人。

「我們是個大家庭」又怎麼會成為最氾濫的口號呢？這與人類凝聚社群的極限有關。你可以試著不要看臉書的好友名單，然後列出所有和自己來往密切的好朋友。我相信無論你再怎麼努力，你列出的朋友數目，也不太可能會超過一百五十個人。

英國的進化心理學家羅賓・鄧巴發現，人類的社交網絡不太可能超過一百五十個人，所以一百五十個人的極限，又被稱為「鄧巴數」。

為什麼人類的社交網絡不太可能超過一百五十個人？這與人類大腦的皮質容量有關。一個人能夠靠自己的社交手腕，帶領聯繫遠超過一百五十人以上的社群嗎？就像一個人能潛水超過一小時，或者是在三秒鐘內跑完百米賽跑一樣，這是不可能做到的。除非你有氧氣筒、汽車等工具，而經營一個超過一百五十人的公司和團隊，也是一樣的道理，所以一句能凝聚向心力的口號「我們是個大家庭」就應運而生了。

2.領導人的性格缺陷

大多數利用「我們公司是一個大家庭」當作團結口號的領導者，多少有著強迫性格的強烈控制欲。他們希望自己的員工一輩子都像是〈聽媽媽的話〉一樣地聽自己的話，**又或是有著狂妄型自戀者的好大喜功**，想要受盡冷暴力屈辱的屬下，無時無刻，總是會喊一聲〈爸，我回來了〉地尊敬、侍奉他們。

但功成名就的企業家常常忘了，在他們快接近退休年齡時的生活樂趣，其中一項應該是看著自己後生晚輩的成長、茁壯，但有著強迫性格的主管，在他們退休後，卻還是經常煩惱自己一手栽培的人才，是否在獨當一面後，就不再任由他掌控。自戀型人格的主管也常常視後起之秀為競爭對手，他們甚至還被妒火燒得鬱鬱寡歡。原本應當是快樂的來源，卻變成了不聽使喚的苦惱，甚至還是自戀創傷的痛苦根源。

「大家庭」的口號就算可以快速凝聚團隊的向心力，但公司真的可以當做一個大家庭來經營嗎？

二、為什麼公司不該是個大家庭？

小傑最近哭喪著臉跟我說，他的年終考績被打了乙等，因為新校長在創校五十周年的新書發表會上，突擊點名哪幾個新老師沒有來。

那一天是星期日，小傑之前也沒有聽到哪個老師要參加，沒想到自己竟然就被點到中獎了。考績乙等是新校長的指示，而且校長還發了一封給全體教職員工的信：「我們學校是個大家庭，未來和學校榮辱與共。學校有任何活動，我都會好好『觀察』大家參與的情況，並列入年終考績，以及續聘的標準。」

公司不應該是一個大家庭最主要的原因，在於公司和家庭的結構不同。在家裡，父母用愛包容孩子不斷犯錯，在錯誤中成長。但在公司裡，老闆對犯錯的員工應當賞罰分明，而不是無限包容。**在大家庭裡犧牲奉獻的是父母，而為公司犧牲奉獻、衝第一線的，往往是基層員工。**

我們的父母以栽培與善待的心情來對待我們，他們培養我們變得更為強大，期待我們有朝一日能夠離家，自己獨立，追求屬於自己的美好人生。而在公司裡，上級總是要下屬為達成目標而犧牲、奉獻。在家庭裡，犧牲、奉獻的是父母，而在公司裡，犧牲、奉獻的是基層員工。這樣，若還睜眼說瞎話，稱自己是個「大家庭」的公司，豈不是違背倫常的大家庭？

說公司是一個大家庭的荒謬之處，在於大部分的主管，是用大家庭長幼有序的階層來控制基層、討好高層，但是一遇到問題的時候，那些高喊「公司是個大家庭」的主管們卻馬上換了張嘴臉。他們將自己該負的責任，全部由屬下「負責」，最好還要「當責」，以便自己能夠斷尾求生。因此，當基層出包的時候，被犧牲的永遠都是基層員工。

更可惡的，就是像校長把「大家庭」當作口號，卻變相懲處小傑的做法。難道有子女做錯事，父母可以「不續聘」自己小孩這種事嗎？在一個「大家庭」中，永遠犧牲子女的父母，不被痛批畸形、變態才怪！

即使主管領導有方，團隊氣氛融洽，公司也不應該像是一個「大家庭」。一個追求卓越的團隊，怎麼能像家庭裡的親情，對犯錯的員工，無條件地付出愛與包容？**有經驗的主管，都深知清楚的原則與指示才是領導團隊的基本功。**

如果把公司當作家庭經營，團隊執行力必定低落，還可能讓員工產生公、私不分的錯覺。

三、把公司當作大家庭的副作用

我曾經參加過一個社團，社規有兩條。一是要「以社為家」，二是要「天天回家」。我當時很困惑，如果沒有「天天回『家』」的話，那還算是社員嗎？很多員工也是「以公司為家」，他們天天在公司吃晚餐、工作到深夜，甚至睡在公司，而且不管假日，還是過年，總會「天天回家」地回公司巡視加班。而如果沒有這樣以公司為家，把同事當作家人的，會不會遭受排擠呢？

有一次，我參加了一場同事們的晚間聚餐。有位同事看到我被標註在打卡上傳的照片裡時，很驚訝地私下跑來問我：「你也會跟他們一起吃飯喔？」我想不就同事間的聚餐，剛好有空來參加一下而已啊！「我以為你跟他們不是同一掛的。你也有跟這群圓桌武士傳承信物嗎？」

就在我聽得一頭霧水時，同事才告訴我，昨天一起聚餐的同事，熟到他們的小孩都讀同一所私立小學、國中，制服還都是互相傳承下來的。圓桌武士們的小孩可是名符其實「穿同一條褲子長大」的。跟他們不夠熟的，還撿不到這個便宜呢！看來，我今天真的是亂入他們的圓桌聚會了。但是**把同事當作家人，很容易會變成拉幫結派，分化同事感情的隱患**，而且理當是私下的聚餐，卻往往變成喬公事的場合。

當凡事「有關係就沒關係」的時候，在公司這個大家庭裡，有人真的把老闆當作家裡的老爸撒嬌，也就不意外了吧。而把「公司當作大家庭」，讓原本想要凝聚的團隊，只會變成一個又一個的小團體。

四、「把公司當作大家庭」是領導人最嚴格的反省，而不是口號

我見識過真心把工作團隊當作家人善待與栽培的，是剛以高齡九十一歲逝世，在台灣服務四十年的唇顎裂外科之父，傳教士羅慧夫醫師。羅慧夫醫師是長庚醫院的創院院長，更是將長庚整形外科打造成為世界各國學者前來學習重鎮的開山祖師。

長庚整形外科為什麼能成為世界最頂尖的外科殿堂？醫界一致認為這是羅慧夫院長開闊的胸襟使然。羅慧夫的專長是唇顎裂手術，但他不僅不藏私地將自己的絕學教給所有的學生，還要求他的每位學生，都去學一項和他不一樣的技術。

這樣的作風不像傳統師徒制的外科醫師常常會「留一手」，要學生對他畢恭畢敬地服侍大半輩子，才肯把獨門絕學傳授。而羅慧夫醫師的付出，也造就了在今天整形外科的國際版教科書中，唇顎裂手術、顯微手術、臂神經叢修復等高難度的外科手術

章節，都是由長庚整形外科的醫師所撰寫。

從羅慧夫的身教，我們看到他用如同父母養育子女的心情栽培後輩，這才是真正經營大家庭的態度，而**視員工為家人，有兩個最重要的指標：栽培與善待**。

五、栽培人才，讓他們強大到足以離開；善待人才，對他們好到想要留下來！

我第一次到企業界求職、面試時，一位副總在面試的尾聲看了看錶，對另一位資深副總說：「抱歉，我要先離開，去主持 Andy 的歡送會了。」

歡送會？這個在我記憶裡遙遠又陌生的名詞，讓我好一會兒才會意過來，應該是有一位叫 Andy 的同事將要離職。但一位員工離職，竟然勞駕副總在上班時間主持歡送會。副總的祝福與歡送，讓我在還沒有進入這家外商公司前，就見識到真正善待人才，感恩同事付出，珍惜共事情誼的氣度。

別忘了，這是個公司比員工短命的年代！曾經是全球百大企業的柯達、諾基亞，在產業快速變遷的洪流下，早已破產、被併購。高階人才在各大企業快速流動，並非外商公司的專利。**珍惜每位員工的天賦與專業，才是古今中外團隊成功的祕訣**。諸葛亮鞠躬盡瘁，死而後已，那是因為劉備三顧茅廬的尊重和善待人才，而絕對不是受到什麼「我們蜀漢就像是個大家庭」的感召。

放下「大家庭」的情感勒索，珍惜和每一位同事合作的寶貴經驗，善待每一位與你並肩奮戰的同事，用最滿心的祝福，歡送曾經貢獻付出的員工，那麼，你一定會有更優秀、更進步的團隊。一如**英國著名的企業家理查．布蘭森說的：「栽培人才，讓他們強大到足以離開；善待人才，對他們好到想要留下來！」**

檢測資深主管：經常抱怨「一代不如一代」

「一代不如一代」是冷暴力最成功的口號

老總辦公室掛著一幅農村風貌的全家福：父親剛從田裡回來，還沾著泥土的鋤頭靠在牆邊。他坐在板凳上，看著正爬在地上玩耍的三歲小孩，那三歲小孩就是老總。母親把香噴噴的飯菜端上餐桌，清秀的大姊在養雞、餵鴨，大哥在家門前的小溪玩水——這幅油畫裡的農村人家，是老總最懷念的美好年代。

每一個被他叫進辦公室教訓的員工，沒有人不熟悉這幅畫。每當老總教訓到痛心疾首處，總是背過身，扳著手，望著這幅農村美景，念著數十年如一日的訓詞：「你們現在時下的年輕人喔，對長輩不懂尊重，對同事人情淡薄。想當年，我們沒有電視，更沒有手機。我爸爸那股勤奮工作的精神，還有農村濃厚的人情味，全台灣現在恐怕都找不到了！」老總接著指了指那畫中的清澈小溪：「我們小時候，放學下班接觸的都是大自然，哪像你們上班滑手機，蹺班吃東西。生活不正常，體弱多病，怪不得影響到工作效率！」

一、還原「回憶性偏差」的真相

有一次，我接待老總的哥哥，也就是油畫裡在小溪玩水的男孩。他一看到那幅畫，全身便開始微微顫抖，兩行眼淚也止不住地流下來。我想他一定跟老總一樣，懷念那一去不回的美好時光。

老總的哥哥輕輕擦了擦眼淚，顫巍巍地說：「六十年過去了，我還記得那天真的餓到快死了！」

後來所有在辦公室的同事們，才第一次聽到這幅畫裡真正的故事：

那年是一九五四年，民國四十三年，台灣脫離日本的統治不到十年。湊巧一位受日本教育的畫家路過，畫起這幅農村風光。他清清楚楚記得那一天，因為畫完這幅畫的隔天，父親就過世了。媽媽手上端的那碗飯，是給身體虛弱父親的最後一餐。老總的父親享年三十九歲，死因是肺結核。

從現在的眼光來看，三十九歲是「英年早逝」，但台灣光復初期，男性的平均壽命大約是四十四歲，而當時的十大死因第一位是肺炎，肺結核在那個年代的台灣非常盛行，而且還是不治之症。他記得在畫這幅畫的半年前，爸爸就已經病入膏肓了。爸爸每次扛著鋤頭到田裡，都喘到幾乎走不動，但家裡窮，爸爸非得下田耕種不可。爸爸到死的前一天，都還得做農事。

正在養雞的大姊當時懷著身孕，她從小就被送到隔壁村當童養媳。貧窮落後的農村，婚姻像是生意買賣，沒有愛情的自由，哪來人情濃厚。這已經是大姊第四次懷孕，先前三個生下的孩子都夭折了。不過，在當時這或許不算什麼不幸，因為當年的嬰兒死亡率，大約是現在的十倍。

望著清澈小溪的他，根本沒有玩水的閒情逸致。他已經好幾天沒飯吃，當時餓得只想抓條魚來吃。但餓得兩眼發昏、四肢無力的他，下一秒鐘就跌到河裡，差點溺水淹死。

原來老總懷念的美好景象，只因為那時的他是個三歲小孩，懵懂無知。真實的世界，處處是貧窮、飢餓、死亡的氣息。這是讓他哥哥在六十年後，仍餘悸猶存的一場噩夢。

人們對「失去」一件事物的痛苦，遠比「得到」的滿足還要強烈。今天我買了一部新車，從沒車到有車，快樂指數增加了三分，但一個月後車壞了，要進廠維修。從有車回到沒車，痛苦指數可能是七分。即使得到的比失去的要多，我們對於失去的痛苦，會不斷用「回憶」來填補，對擁有的或慢慢爭取來的，卻總是不太有感覺，所以舊情人、念念不忘的人生缺憾，回憶起來總是特別美好。在醫學上，我們稱之為「回憶性偏差」。

「回憶性偏差」不僅造成長輩們產生「一代不如一代」的錯覺，還因此失去反省的機會。

面對事實上一代比一代厲害的後生晚輩，長輩們除了倚老賣老，還用「現在年輕人的基本能力不足」之類的藉口，築起了更多升遷的障礙與高門檻，使得年輕人出人頭地的機會確實「一代不如一代」。

然而，真的「一代不如一代」嗎?我接下來將要舉各種領域中，鐵證如山的事實和數據，證實絕對不是「一代不如一代」，而是「一代超越一代」。

二、從四十年來的報紙，看一代如何比一代進步

我整理這四十年來的報紙發現，早從一九八〇年代開始，每個時代的主管，都在檢討「現在的年輕人」如何不長進。但事實上完全沒有長進的，是這個「一代不如一代」的陳腔濫調，而且這些報導透露著每個世代「年輕人」的強項，還有每個世代的主管是如何昧於現實地糟蹋年輕人的天分。

翻開一九八〇年的報紙，主管普遍的說法是：「現在的年輕人好高騖遠，動不動就想跳槽。工作態度比十幾年前的人差，不負責任。」當時四年級左右的「年輕人」，如今已是退休準備交棒的大老闆，也是經常被《商業周刊》等財經雜誌盛讚「高瞻遠矚，精準掌握產業脈動」的企業家，而當年他們「高瞻遠矚」獨到的投資眼光，被抹黑成「好高騖遠」，「精準掌握產業脈動」的天分，被說成「動不動就想跳槽」。

一九九〇年代的主管說：「現在的年輕人急功近利，每一個都在問，什麼科系比較快念完，什麼工作比較容易賺錢。」當時五、六年級的年輕人，是創造台灣經濟奇蹟的主力，也是現在中小企業的負責人。而當年他們的主管，卻看不到他們早在學生時代就懂得精算「什麼科系比較快念完」的天分，還有在初入職場時，就會講求「什

麼工作比較容易賺錢」的效率。

現在的副總、處長們整天掛在嘴邊「這案子可不可以一個月之內完成？」「有沒有機會早一季上市？」和當年他們在學校、初入職場時講求效率的態度，是一模一樣的，只是當年他們的主管稱之為「急功近利」。

二〇〇〇年後的報紙，最常反映主管的心聲：「現在年輕人應徵時都說得頭頭是道，一上班，卻全走了樣。做錯了事，不肯認錯、理直氣壯。」這些十幾年前的職場菜鳥，現在大多是四十幾歲的經理幹部。現在幾乎所有的職場課程、最頂尖的《哈佛商業評論》，都在教授的簡報溝通技巧、行銷創意，正是這些六、七年級生的強項，也是上一輩望塵莫及的。

現在無論產、官、學界都非常重視的簡報技巧、行銷創意，其實早在他們剛踏進職場時就展露無遺。只是面試的主管覺得這只是能說得頭頭是道的雕蟲小技，而在威權體制長大的高階主管們，不習慣平起平坐的互動溝通，還因此把年輕人抹黑成：「一上班，全走了樣。做錯了事，不肯認錯、理直氣壯。」

如果看清楚四十年來的報紙內容，我們可以清楚知道，哪有一代不如一代的問題。**有問題的是拒絕反省的主管，不斷用一代不如一代的口號催眠自己，洗腦下一代。用傳統與權威來控制職場，把所有員工變成只會聽命行事的機器人。**

三、數據證明一代比一代更強

我是一位棋齡二十五年的六段棋士。我分析近四十年來，圍棋界老、中、青三個世代六位，稱霸全世界最頂尖棋士的棋力，用數據來證明一代比一代更強。

這三個世代包含曾經代表人類挑戰人工智慧AlphaGo的李世乭、柯潔，以及《棋靈王》裡圍棋名人原型的小林光一。他們都是代表一個時代裡，人類智力的巔峰。

依照年齡，我把他們分為年輕世代二十歲的柯潔和二十五歲的朴廷桓，中生代三十五歲的李世乭和四十二歲的李昌鎬，以及元老級六十一歲的趙治勳和六十五歲的小林光一。

再把他們每個年齡的棋力等級，分畫成圖表，這樣就可以公平地看出來，年輕世代的柯潔和朴廷桓，不到三十歲就超越了過去中生代和元老級世界頂尖棋王畢生最強的棋力。而且這三個世代職業棋士的水準，一代比一代還要更強！

從下一頁這張圖表，我們不只可以看到「一代比一代更強」，我們還可以發現，**年輕世代達到棋力登峰造極的年齡，一代比一代更快、更年輕！**

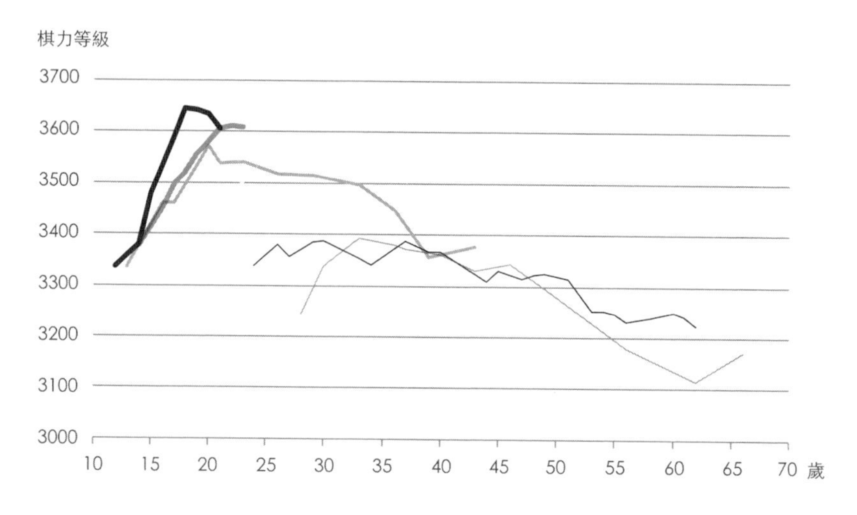

年輕世代：
—柯　潔（20歲）
—朴廷桓（25歲）

中生代：
—李世乭（35歲）
—李昌鎬（42歲）

元老級：
—趙治勳　（61歲）
—小林光一（65歲）

不只是圍棋，二十歲到四十歲確實是一個人體力和創造力的巔峰。科學界曾分析，諾貝爾獎得主們的主要貢獻，大約是在他們三十至四十歲之間完成的。但我們看看現在的社會和職場環境，是怎麼對待年輕人的。

以學界制度來說，如果順利取得博士學位，畢業年齡已經三十幾歲了，加上博士後研究和升等考試，如果要從競爭激烈的學術界中得到足夠的研究資源，恐怕早已四、五十歲，已錯過做出偉大貢獻和學術研究的顛峰年齡。

在所有的行業裡，幾乎都把剛入行的年輕人當作廉價勞工，指派各種不合理的訓練當作磨練。老前輩們往往還要補上一句「嘴邊無毛，辦事不牢」，把年輕人的升遷無限期拖延。思想保守的老前輩們還在殺豬公，但國外的創業家已經上了太空。

臉書創辦人祖克伯、蘋果電腦的賈伯斯、微軟的比爾・蓋茲，都是在二十幾歲時創業，當上ＣＥＯ，這才是如同圍棋界裡告訴我們，年輕世代「一代比一代更強」，而且「一代比一代更快能夠登峰造極」的真相。

緬懷過去的美好年代，始終相信「一代不如一代」的前輩們，如果不是「回憶性偏差」讓他們對幾十年前的記憶美化、錯誤地模糊，真的要注意他們是不是有輕微失智症了。

四、「一代不如一代」是人口結構改變的必然口號

「一代不如一代」其實是一個在人口結構快速變遷的環境下，長輩們讓晚輩乖乖聽話的必然產物。

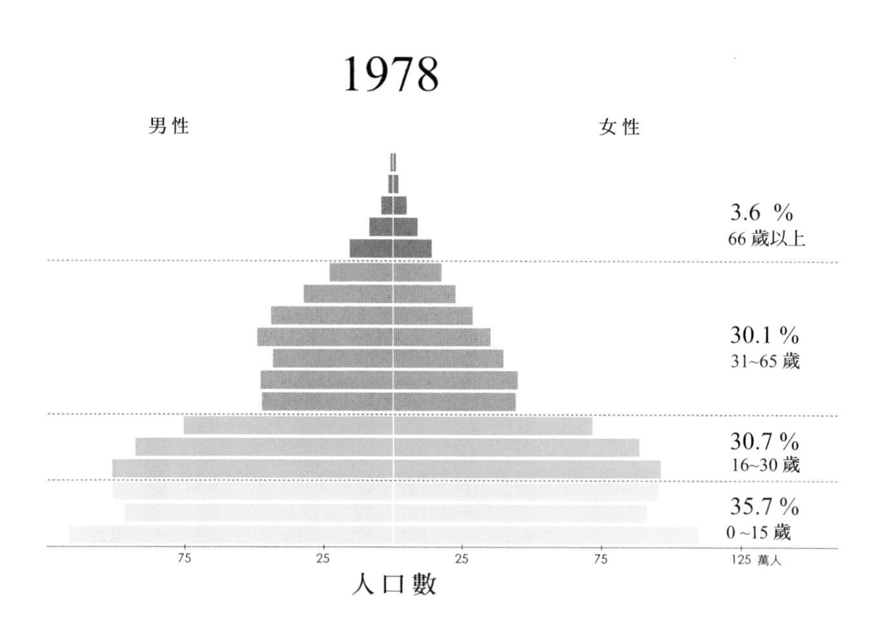

我們比較一下兩張相距四十年的台灣人口結構圖。四十年前的一九七八年，是個「台灣錢淹腳目」的經濟奇蹟年代，三十歲以下的人口占極大的比例，因此整個社會，和產業以人口的成長來規劃。新學校一間一間地成立、外商公司不斷進駐、本土中小企業蓬勃發展，工作機會非常多。

三十到六十五歲的職場主力，呈現穩定的金字塔結構。有人退休，就有人剛好可以遞補上這個職缺。只要表現不差，「排隊」當主管

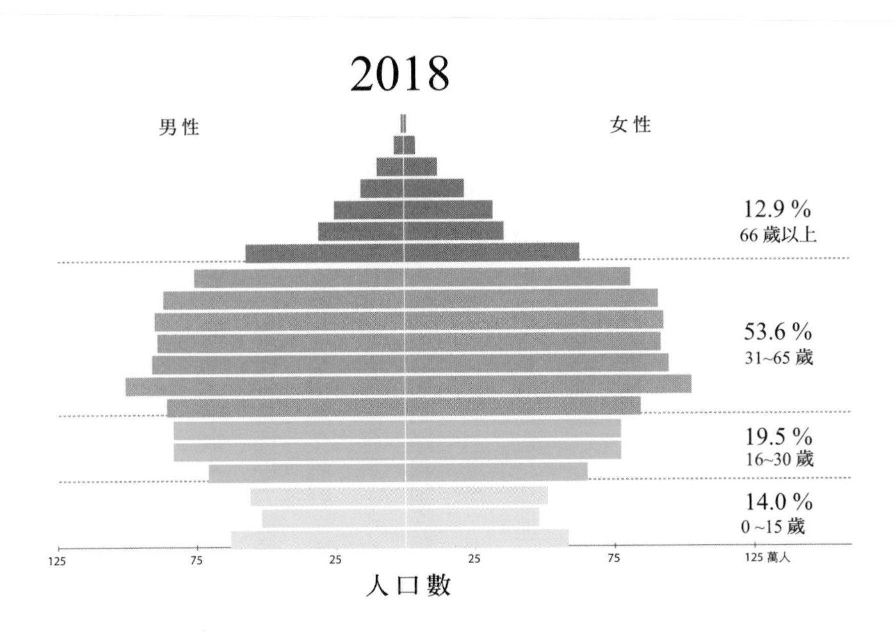

只是早晚的事情。

二十到三十歲的年輕人雖然很多，但他們頂多是職場上的菜鳥，構成不了太大的威脅。報紙上看到「一代不如一代」的說法，大約是在這個年代開始出現的。

到了二〇一八年，三十歲以下的人口急速下降，整個社會與產業呈現飽和狀態。外資不斷出走，本土產業西進大陸。首當其衝的工作，便是少子化所造成的流浪教師，而三十到六十五歲的職場主力占了人口的最大宗，職場中弱肉強食的廝殺，絕對在所難免。

如果你還妄想用「排隊」的方式，排到當主管，那可能就像iPhone開賣排隊一樣，要準備好帳篷、板凳，因為保證你要排超級久。而且這個年代四十五到六十五歲的主管，後有年輕人追兵，前方還有退休長輩的埋伏：老年人口需要龐大的健康長照經費，還需要更巨額的退休年金。

我們設想一下，自己是掌握權力資源的四十五到六十五歲主管，最簡單的方式，就是讓年輕一代在基層待得越久越好，因此碩博士班要越念越久、公司裡升遷的機會越來越少、專科醫師訓練年限延長、年輕人要比以前更久才能買房。而**能合理化壓榨基層，糟蹋年輕人的口號，就是教訓晚輩們「一代不如一代」**。

身為年輕的一代，我們該怎麼辦？歷史上有個人口結構非常類似的困境，值得我們借鏡。在乾隆盛世的晚期，也是滿清王朝崩塌的序幕。從乾隆六年（一七四一年）的一億四千三百四十一萬人口，每年以兩百五十八萬人左右的速度，翻倍暴增到乾隆六十年（一七九五年）的兩億九千六百九十六萬人。乾隆中期，人口的成長已經造成糧食供不應求的重大危機，不只食物無法因應人口暴增，清朝末年廢除科舉制度，最主要的原因就是在於無法用傳統的考試制度，選用大量激增的年輕人才，而封建王朝的官僚弊端，也在一夕瞬間暴露浮現，隨之大清帝國土崩瓦解。

在這個人口結構變遷極為相似的年代，如果聽信「一代不如一代」的洗腦口號，用二、三十年前的方法，乖乖聽長輩的話「排隊」等待升遷，不只要排超久，還可能像滿清末年的秀才進士一樣，排到朝廷指派官位時，滿清也剛好滅亡了。

五、人，終究會老去

「一代不如一代」是既得利益者在面對更厲害的下一代時，最站不住腳，但卻大獲成功的洗腦口號。我很尊敬前輩們在過去艱苦年代的奮鬥歷程，但我更相信，用「一代不如一代」的偏差角度所指引的方向，絕對不是我們的未來。

「一代不如一代」這個看似在威權時代、民智未開才能存在的口號，為什麼在今天仍然歷久不衰？我漫步到黃昏的公園裡閒坐著。猛然一抬頭，望見幾縷銀髮，飄逸在夕陽的餘暉裡。我領會到一個再簡單不過的道理：人，終究會逐漸老去。

檢測基層員工：每年都花很多時間負責尾牙表演？

沒有員工表演的尾牙，是幸福企業的指標

「酒杯舉高高，明年業績衝最高；酒杯拿低低，明年賺錢賺很多！」主持人高喊著俗又有力的台語順口溜開場。尾牙開始了，台下百分之九十五的員工們兩個月來的辛苦排練，也要結束了。

這一年來，少了〈江南Style〉、〈姐姐〉、〈小蘋果〉這些尾牙必跳的神曲，籌辦尾牙的同事們更需要絞盡腦汁選曲、編舞，不像幾年前只要跟著影片，還可以隨便敷衍過去。

就在大家翹首議論今年打頭陣的到底是男扮女裝，還是裸露到多清涼的美女會上台表演時，幾位身材壯碩的同事打扮成「粉紅豬佩佩」一家小豬，就在「可愛的佩佩，大家的好朋友……」主題曲旋律中進場。主題曲接近尾聲時，扮成小豬的同事們疊起了羅漢，讓唯一扮成「人」的小胖經理站在他們頭上，祝大家「豬事大吉」，但是要注意「非洲豬瘟」，所以演起了行動劇，把扮成小豬的所有人踢下台，以宣示防範非洲豬瘟的決心。

抽獎時間，行銷處的新人小琪抽到三萬元現金的大獎。想不到董事長當場抽考小琪，要求她背出行銷規範的ＳＯＰ。小琪背不出來，三萬元當場飛了。小琪看到台下臉色鐵青的行銷處長，心想這下可要吃不完兜著走。三萬塊沒領到，還算小事，讓整個行銷處丟臉，事情可大條了！

處長在台下急得要大家趕緊把ＳＯＰ、企業文化、核心價值，用各種方式做成小抄，趕快背熟，以免等一下如果抽中大獎卻背不出來很丟臉。頓時，全場同事們飯也吃不下了，而被念到名字，抽到大獎的，反而還更緊張。

另一組財務部的同事們剛表演下台，想說總算解脫，要好好來大吃一頓時，卻看到桌上一道清淡的「塔香絲瓜」，大家都皺了一下眉頭。想想算了，吃養生的也不錯。沒想到，接下來上桌的是「絲瓜蛤蜊」，緊接著是「蛤蜊薑絲湯」。阿宏忍不住抱怨：「該不會是在玩菜單接龍吧？」「那我猜下一道是『薑絲大腸』」，「再來是『大腸麵線』」……大夥兒苦中作樂起來。

一、反主為客的尾牙

「景氣這麼差，董事長還肯花這麼多錢辦尾牙，我們真的要知足了，而且像小胖這麼喜歡表演，每年都有一個他的舞台，也很不錯呀！」不知哪個白目同事講這番話，大家一聽，紛紛翻了白眼。

尾牙真正的「傳統」，是老闆作東，以豐盛的一餐，感謝員工一年來的辛勞。宴席間的表演，當然也會增添歡樂的氣氛。但曾幾何時，「傳統」上應該享受招待的員工們，卻紛紛反客為主，利用下班時間挖空心思、加班排演，在尾牙時表演，以娛樂老闆們。

像這家集團的所有員工，還要全體團練歡呼長官的口號，而當逐桌敬酒時，因為集團太大，董事長乾脆坐在高爾夫球車裡，巡視全場，就像希特勒校閱部隊一樣。許多合作廠商的高層老總們，像是納粹陣營的友邦元首，一起享受好幾頓反主為客的豐盛款待。

更讓人不爽的是，從上傳到臉書的大合照裡，這些「友邦元首」就像跑趴一樣，品頭論足地評論哪一家公司的年輕人表演比較有創意，哪間集團喊口號特別宏亮，響徹雲霄。原來不只貴婦喜歡跑趴，歲末年終時，還多了「跑趴老頭」啊！剛剛和小胖一起扮粉紅豬的同事，一邊滑著手機，一邊看著自己剛剛犧牲色相的表演被拍照、打卡上傳，竟然還有人留言：「不錯喔！去年男扮女裝，今年人也不用當了，直接當畜牲。」

小胖經理也留言了：「如果連豬都敢反串了，還有什麼事可以難倒我們的。越丟臉的表演，顯示我們的工作彈性越大，越受客戶的愛戴。業務處～讚啦！」

二、當尾牙成為職場外的另一個角力競技場

當尾牙由基層員工負責這件事，徹底被合理化之後，像小琪領獎還要背出SOP，只能算是基本款了，更多部門尾牙表演活動時的水準、動用的資源，就常常成為公司內部的另一個角力競技場。業績做輸就算了，連尾牙表演也輸人，主管在公司可就別想翻身了。

這幾年尾牙的發展，已經畸形到演變成一部討好主管祕訣的教戰守則。我還看過

連拱老闆加碼尾牙獎金，都還要懂得揣摩老闆有沒有心理準備，因為如果老闆私下掏腰包，或是半強迫地被起鬨，那麼，尾牙主持人就要小心會黑掉。

尾牙本來就是老闆要宴請員工，怎麼反而顛倒過來，員工要扮成粉紅豬，被拍照、上傳，卻不需要心理準備，也不用管他們是不是被強迫，但老闆加碼獎金就得小心揣摩。如果這不是奴才，什麼才是奴才？

三、強制娛樂，讓人更賭爛

我曾經聽過一位在公務機關的大老，反對簡化尾牙表演的謬論：「我們不是辦『尾牙』，我們是吃『春酒』，春酒的性質是一場『同樂會』，而且我們可不像外面唯利是圖的賺錢公司，是個溫馨的大家庭。大家都是一家人，表演個幾分鐘，自娛娛人，也很不錯呀！」

這位睜眼說瞎話的大老口中的「同樂會」，都是新進員工負責表演。年資五年以上的，就有豁免權，還可以當貴賓，看菜鳥們「綵衣娛親」就好，所以**尾牙是做為檢測職場冷暴力最好的快篩試劑**。而這個單位都可以把大家應該一起參與的「同樂會」，讓菜鳥一肩扛起了，那麼，我們不難想像在平常執行任務時，主管卸責、壓榨的態度，將會是多麼醜陋。

很多朋友問起我在外商企業的經驗。為什麼外商公司在辦凝聚「團隊向心力」（team building）活動的時候，大家都可以玩得盡興、愉快，而且效果又好，因為這些team building的遊戲，若換在他們公司，不知道是大家覺得太幼稚，還是無聊、老套，員工們總是興趣缺缺，一臉不耐煩的樣子。

答案很簡單，因為**外商公司的team building一定是辦在上班日，不會用到假日或下班時間。大家可以暫停一天的業務，哪有不開心的道理。**強摘的果子不會甜，再怎麼有趣的活動或聚餐，若占用了你的下班時間，卻說是要「同樂會」，以及培養團隊感情，這只會讓你更賭爛吧。

四、勞動意識的照妖鏡

吃尾牙算上班嗎？當然是！尾牙都辦在晚上，不然就是在週末，這都是員工的下班時間，所以**參加尾牙絕對是一種變相的加班**。我曾任職的外商公司，尾牙雖然都在週末，但是參加的員工，都有幾千元的「參加獎」，而這是給員工的最基本的時間成本。

何況在歲末年終，會計部要關帳，各個部門有一堆專案要結案，基層員工們卻還要費盡心思，每天上班時抽空選曲、編舞，下班後再至少加班一小時以上來排練，就算同事再有才華，再怎麼喜歡表演，尾牙表演也絕對是個沉重的負擔。難怪最近有個營造業的朋友跟我說：「我明年一定要找個可以幫我們部門搞定尾牙表演的員工！」

實際上勞動部已經認定，下班時間，全體員工都要參加的尾牙，依法，老闆應該發加班費，就算廣大的上班族不敢向老闆爭取，但你如果是懂得精算成本的主管，應該算得出來吧。

政府都規定吃尾牙要付加班費了，現在勞動意識抬頭，如果員工要求為了尾牙表演，而練習了好幾個月的加班費算下來，公司到底該支付多少錢。而舞台表演本來就是一種昂貴的高度專業，同事們為了戲劇效果，在舞台上犧牲的形象，更是難以用價格來衡量。

尾牙是一面照妖鏡，照出主管和公司的勞動意識。

五、真正的尾牙，該這麼做

1.尾牙表演：

尾牙的初衷是老闆為感謝員工所設下的宴席。尾牙的客人是員工，主人是老闆，老闆當然應該要「以客為尊」才對。

如果你是服務業，那麼，尾牙更是老闆招待員工，以身作則的好機會。如果老闆連員工都招待、服務不好，這家公司對外的服務，一定也只是做做表面功夫罷了。

我把尾牙表演分成五個等級，你可以用這個等級來幫老闆的服務態度打分數。如果你是老闆，這幾個等級也供你參考，看看你提供了哪個等級的服務。

（1）好好抽獎，吃頓飯，省錢省力省表演　★★★★★

不用解釋了，這是最理想的尾牙，五顆星。

（2）主管親自演出　★★★★

尾牙是老闆宴請員工的場合。如果要看表演，當然是要主管們親自表演，最有誠意。如果想節省開銷，那就召集公司的所有主管，一起為全體員工先做一次示範演出吧。這不但能樹立今後表演的水準，也不會影響同仁們的工作效率。

而且當老闆、主管的，平常在言語上對基層員工一定多有得罪，這時裝瘋賣傻，娛樂下屬，也不妨藉著這個難得的機會賠罪一下，保證大家都開心。

（3）禮聘商業表演 ★★★

不想自己犧牲形象，又想要熱鬧看表演，當然要交給專業的來！

（4）重金懸賞員工的家人表演 ★★

如果老闆心疼大把鈔票要花在商演，但又叫不動主管下來表演，那麼，重金懸賞員工的家人才藝表演，也是個折衷的好做法。

有些員工的小孩參加樂團、街舞，或是有學魔術，而剛好魔術比賽前需要有個舞台來練練膽，那這機會剛好。但即使不是找專業的商演，也請記得，**表演本身就是一項昂貴的高度專業，一定要準備一個不失禮數的紅包**。

得罪下屬不要緊，千萬別讓員工的家人，在這次的表演中，看清你是個貪小便宜的慣老闆。

（5）只要員工表演，就是最差的一星 ★

有的稍微良心發現的老闆為了省事，心想包個小紅包，以打發上台表演的員工。其實不管給員工多少錢，台上幾分鐘，台下練習所付出的時間、心力，絕對都會讓大家認為這個紅包不符合行情。既然很難精算時間成本，乾脆就不要叫員工表演。

如果你還是想維持現狀辦尾牙，也請別再講尾牙可以「增加團隊向心力」、「展現才華的機會」這些讓人越聽越火大的幹話了。

2.尾牙獎品：

我從來就記不得哪一年看到什麼精采的尾牙表演，但我到現在都還記得，哪一年抽到了幾萬元的大獎。可見**尾牙的重點，其實就在獎品。**

（1）獎品用現金最實在

每年尾牙，我都會看到有女性主管把用不著的化妝品，不知是血拼買來，還是夜市買到的仿冒名牌包，當作禮物捐出。如果你打算這麼做，請千萬不要具名。

在你的眼中，員工雖然卑微，但並非無知，送這樣沒誠意的禮物，絕對會讓你惡名昭彰。

腳踏車、平板電腦雖然是好東西，但你可以看看每年尾牙後，二手拍賣為什麼這麼熱絡，因為大部分抽到的大獎，都不是大家的需求，所以，還是現金或禮券最實在。

（2）早鳥紅包

尾牙不僅要表演，還有一籮筐的爛事，更糟糕的是，長官不知又要致詞到什麼時候，才讓我們開動，所以尾牙越來越像婚禮，大家總是把到場時間直接延後一小時以上再進場。

為了挽救這個頹勢，以前我們公司非常有誠意的推出「早鳥紅包」，如果員工提前半小時以上到的，當場就可以抽幾百元的小紅包。這個誘因雖然不起眼，但卻讓我感到相當窩心。

如果剛好老闆或福委會今年有心要改變尾牙的風氣，這一定能讓大家感受到誠意十足。

取消畫蛇添足的幾分鐘員工尾牙表演，不僅能減輕同事們不必要的壓力，更是一種真正凝聚部門向心力，讓員工有感的關懷文化。

希望今年的尾牙，我們都能回到那淳樸年代的優良「傳統」：不再為了上台緊張，也不必為了加班排演而煩惱，能夠安心作客，享受老闆為了感謝我們一年辛勞而擺下的豐盛宴席。

給所有主管的處方箋：一張圖表幫你看懂，誰最可能跳槽

在春酒正酣的敬酒時間裡，資深的業務經理向平時在外奔走的南區業務同事們，介紹行銷處長所帶領前來敬酒的行銷處同仁。「各位！這些都是我們『行銷之神』的『奴隸』！」「乾杯！」

真不知是業務經理酒喝多了，口齒不清，把「徒弟」講成「奴隸」，還是酒後吐真言，但行銷處的同事們，都覺得業務經理說出了自己名為行銷之神「徒弟」，實為「奴隸」的心聲。

果然春酒後的一週內，「行銷之神」旗下的三位專案經理，都陸續遞出了辭呈。

錢，沒給到位；心，委屈了

閱人無數的「行銷之神」，當然知道員工**離職的理由林林總總，但最真實的，其實只有兩條：「錢，沒給到位；心，委屈了」**。只是處長想不透的是，自己掌管行銷處數十年，不僅經驗老到，他源源不絕的天才創意，還被業界公認為「行銷之神」。在他麾下的專案經理，縱然工作辛苦、委屈了點，但能受他親自指點、調教，這一點委屈的代價根本是物超所值。他的得意門生財務部副總，至今都還叫他「老師」，而且逢人就說當年是多麼幸運，能成為「行銷之神」的「學生」。

再說，行銷處每年的分紅，在公司裡都是數一數二。一領完年終獎金就離職、跳槽，這到底是時代變了，還是人心也變了？

因此，「行銷之神」在部門會議中，開始檢討現在的年輕人都是爛草莓，一遇到旺季就喊累，淡季的時候，又不積極，不肯做事。這次，一定要招募到「吃苦耐勞，肯拚肯做」的新任專案經理才行。

一週後的部門會議，「行銷之神」得意洋洋地告訴大家，這次新人招募，他想到了一個「妙招」。每位面試的新人，都要問他一個問題，「請問你人生中最累的一段日子是怎麼過的？」這樣的一句話，他相信就能篩選出「吃苦耐勞，肯拚肯做」的人才了。

散會後，同事們竊竊私語：「『行銷之神』的腦袋分明有洞。面試的時候，問人家最累的日子怎麼過，應徵者當然知道你在問什麼啊！難道會老老實實地跟你說，很累，當然會離職嗎？」「講求創意的行銷部門，怎麼和做工的一樣要求『吃苦耐勞，肯拚肯做』？」

其實，很多主管都想像「行銷之神」一樣，希望用一句話，就能看出誰會跳槽，而誰能吃苦耐勞地留下來。畢竟員工離職對公司的管理階層來說，是一件頗為為難之事。

跳槽心理學

心理學家馬斯洛的「需求層次理論」（下頁圖），就是一個簡單的跳槽機率程度對照表。從基本需求到高層次的滿足，五個層次正好可以用《西遊記》裡的人物形象來說明。

最基本的「生理需求」，就是豬八戒最愛的吃喝拉撒睡。第二層的「安全需求」，就如武功平平的沙悟淨，尚能保住自身安全。白龍馬雖然只是唐三藏的坐騎，

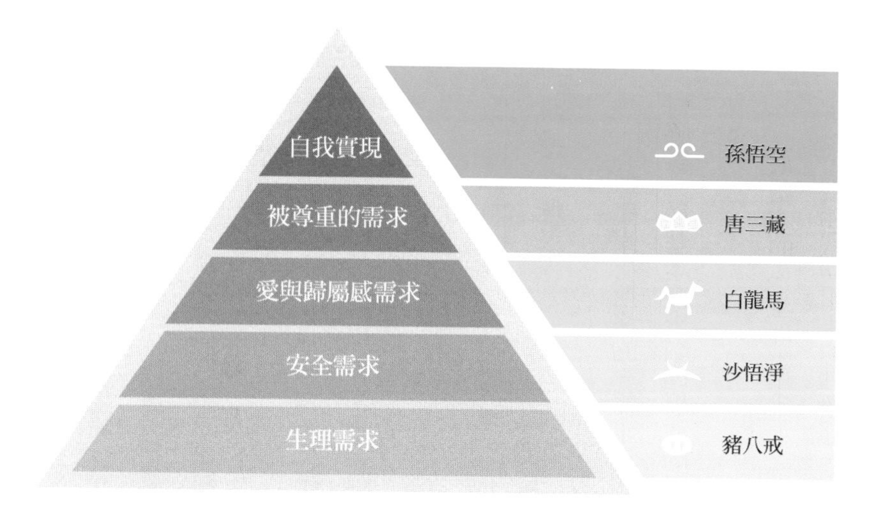

但當所有人從妖怪手中被解救出來後，總是不會忘記白龍馬，因為他也是團隊中重要的一分子，擁有「愛與歸屬感的需求」。唐三藏是眾人景仰的得道高僧，他擁有的是許多人正在追求的「尊重的需求」。還沒被套上緊箍咒的孫悟空，七十二變讓他上天下海，隨心所欲，這是最高層次的「自我實現」。

如果「錢，沒給到位」，那麼，哪來生理、安全這種基本的需求，而「心，委屈了」，就代表團隊的情誼與歸屬感出現嚴重的警訊。如果這些低層次的需求都無法被滿足，那麼，當領完年終獎金，放了年假，有時間好好思考時，怎麼可能會不想換工作。

如果你是領導高階人才的主管，諸葛

亮的抉擇，絕對值得你仔細琢磨。諸葛亮當年其實有機會加入曹操或是孫權的陣營，特別是當他為赤壁之戰到東吳遊說時，孫權的謀士勸他留下來效力比劉備更強大的孫權，諸葛亮卻道出了一句千古名言：「孫將軍可謂人主，然觀其度，能賢亮而不能盡亮，吾是以不留。」

這句名言的意思是孫權是一位好老闆，但頂多能對諸葛亮禮遇、尊重（能賢亮），而不能委以重任，讓他大顯身手（不能盡亮）。許多高階人才跳槽的心理其實和諸葛亮一樣，如果像孫權領導的東吳大企業只能「賢亮」，滿足「尊重的需求」，那麼，必然會跳槽到劉備經營的蜀漢小公司「盡亮」，以達成「自我實現」。

「幸福企業」是能夠滿足員工不斷成長、幸福需求的企業。**你辛苦了一整天，但今天的工作讓你獲得了哪一種層次的滿足，這是看懂誰會跳槽再簡單不過的道理，但也是職場中千年不變的真理。**

給想要更好職涯的處方箋：轉職之前，我可以做什麼準備？

我是國內唯一一位在三十五歲以前，就集滿醫療界、企業界、學術界資歷的精神科醫師，而無論是醫學中心的主治醫師、外商藥廠的學術顧問、國家級研究機構的研究人員，這幾個職位都是許多人做一輩子，做到退休的工作。因此，我轉職的心路歷程，一直是個熱門的演講題目。

離開醫院，跨足業界：讓職涯發展中的「拉力」永遠大於「推力」

我出社會後的第一份工作，就在許多人稱羨的醫院精神科擔任住院醫師。我出身保守的公教家庭，自然也順從著傳統的價值觀，把醫學中心裡要求的臨床、教學、研究做好。不過，由於我有深厚的醫學工程基礎，因此在四年的住院醫師任期內，我總計在國際期刊發表了十九篇學術論文，這是科內空前的記錄，也遠超過助理教授的平均學術產值。

我也開發一款偵測網路成癮的手機程式（Ａｐｐ），並取得了設計Ａｐｐ的專利。比起繼續留在醫界發展，我更想深度瞭解產業，也就是從研發、專利、臨床研究、法規到行銷。在我結束四年的精神科住院醫師訓練後，我應徵上了全球製藥業龍頭的外商公司，擔任醫藥學術顧問。

在台大醫院這個眾多「神人」聚集的國度裡，真要說我有什麼比別人先知先覺的一點，就是我在職涯的抉擇中，能更清楚地讓「拉力」來帶動自己的職涯發展。

對所有考慮轉職的朋友，我一向用現在工作把你推走的「推力」，與下一個職位吸引你的「拉力」來分析。「拉力」一定要遠大於「推力」，職涯發展才能不斷向前。

當我離開醫院，跨足業界，業界最重要的「拉力」是能讓我更瞭解產業，也使我的研究走出象牙塔，看到更多產學合作的視野。相形之下，白色巨塔裡複雜的派系鬥爭、過勞繁重的臨床工作……這些讓我想離開醫院的「推力」，就沒這麼重要了。

我的職涯當然不是一帆風順，也不是你想像中的人生勝利組。我在職場遇到讓我想離開的每一個推力，都記錄在這本書裡。這本書談到每個職場冷暴力受害者的故事，都是我親所見聞的。

我幾乎花了整本書的篇幅，記錄了每一個讓我想要離開職場的推力，這是每一道冷暴力所留下的傷痕。不過，我只用這短短的一個章節，寫下我繼續向前的「拉力」，但是這股「拉力」的力道，卻遠遠大於所有的推力。而我每次都更清楚地了解這些拉力對我生命的重要性，因為在職涯中，每一次的拉力，都能轉換成自己的實力之後，這些推力真的就顯得微不足道。

從業界回到醫院：找到自我實現

在外商公司，其實讓我大開眼界，而這本書裡所記載的各種進步思想，都是我融會在大企業的親身經歷，與精神醫學的分析所寫成的。

我當時轉換了一個與白色巨塔截然不同的工作型態，告別了每天與生老病死為伍的「紀錄片」，而開始上檔「喜劇片」裡商務人士的優渥生活。白天運籌帷幄，晚上觥籌交錯。雖然有點虛幻不實，但覺得人生的美好，莫過於此。

在企業界裡，我更看清楚知識的力量，因此，我同時攻讀博士班。在每次出國的商務旅行中，我總是把厚厚的一疊講義印出來，我在飛機上準備考試、寫論文，而我的車上也永遠放著頂尖期刊最新的Podcast廣播。沒時間看書，我就利用高科技，用聽的。

兩年的時間，我取得了陽明大學腦科學博士的學位，這創下了最快的畢業紀錄，也是台灣《大學法》規定，取得博士的最短修業年限。

二〇一六年三月，我到韓國首爾出差，人工智慧的浪潮此時正從韓國首爾席捲向全世界。人工智慧圍棋程式AlphaGo以四比一懸殊的比數，擊敗人類的韓國棋王李世乭。

當所有人把目光聚焦在痛擊棋王的人工智慧AlphaGo時，猛然讓我驚醒的，卻是代表人類迎戰的李世乭。李世乭棋風詭譎靈動，是我非常欣賞的天才棋手。圍棋界當時有少數的異議，認為李世乭雖然是當代棋王，但年紀有點「老」了，如果派年輕一點的柯潔或朴廷桓，勝算會不會大一點。

我與李世乭同是一九八三年出生。三十三歲的李世乭曾經拿過十幾個世界冠軍，他代表人類智力的巔峰，向人工智慧AlphaGo出戰。三十三歲真的算是老了嗎？一股深深的恐懼向我襲來。那一晚，我望著首爾漢江的夜景，徹夜難眠。

「一代比一代更強」的章節，是我一夜失眠後仔細考證得到的結論。諾貝爾獎得主發現重大成果的年齡是三十五到四十五歲之間，賈伯斯、祖克伯創業的年齡是二十幾歲，就連需要時間淬鍊的藝術家，蕭邦鋼琴大賽近二十年的首獎得主，也都不超過三十歲。在跨國企業擔任學術顧問，我感受到了諸葛亮當年受到孫權「能賢亮」的禮遇，但我必須把握創造力與體力的巔峰時刻，找到能夠自我實現的地方。

離開醫院到業界，我看到了全世界；從業界回到醫院，我想要找到自我實現。

再次離開醫院：將「拉力」轉成「實力」，化為「動力」

我再次回到我熟悉的醫院。其實，我很喜歡臨床工作，也很喜歡教學生。因為我在研究上一直有很亮眼的成績，也隨即晉升為助理教授，所以當我再次提出離職，將轉任研究機構的時候，所有的同事都非常震驚。

這次是因為我讀到了英國統計學家費雪的故事。費雪的「雙盲隨機分派實驗法」是現在全世界臨床試驗的標準做法。我第一次知道這個嚴謹的研究方法，原來是源自一百年前的一場下午茶。

在悠閒的下午茶聚會裡，閒到沒事做的貴婦們，找了一個非常「天龍人」的話題，「這杯特別好喝的奶茶，到底是因為僕人先把紅茶加到牛奶好喝？還是把牛奶加到紅茶裡好喝？」

在一片鶯聲燕語的爭論中，統計學家費雪做了個實驗。他把貴婦們「隨機分派」

成兩組，一組貴婦先喝「紅茶加到牛奶」的奶茶，之後再喝「牛奶加到紅茶」的奶茶。另一組貴婦則相反。她們都是「盲飲」，在不知道自己喝的是哪一種的狀況下，評比兩種奶茶，最後再統計結果。

這個經典的實驗方法，百年來已經成為醫學研究的主流，但造就經典的「悠閒下午茶」的精神卻失傳了。我頓時明白，我必須再次放下忙碌的臨床工作與醫學中心主治醫師的光環做為代價，在每一分充裕、有彈性的氛圍中，細細地追求自我實現。

能夠從醫院到研究機構，我明白過去職涯發展的拉力，此刻已經逐漸化為自己的實力，也成為了我不斷進步的動力。

我與醫院前後任的主管，以及現在的主管面對面，展開一次愉快的會談後決定：我到研究機構後，依然會保持在醫院的門診，以及助理教授的教職。這次轉職，我不只是追求更好的自己，也同時為醫院和研究機構加分，是個三贏的局面。

成為職場自由人

當我向直屬主管提出離開醫院的辭意時，主管想了一會兒說：「沒問題吧！你好像沒有欠什麼人。」醫院裡，傳承了日式的職場文化與教育，也如同「日式株式會社」般地階級分明，長幼有序。主管這句「你好像沒有欠什麼人」對我而言，是一句非常重要的肯定，也是一位「職場自由人」很重要的認定。

在職場的升遷路上有交情，也有交易。交情換來職位的交易，而職位的交易，又帶來更多生存所必需的交情。這些交情與交易，牢牢地綁住我們的歸屬感，也成為躲不開職場冷暴力的枷鎖，更把職涯發展的層次，侷限在交情與歸屬感，讓其中的少數人，得到了些在同溫層裡被尊重的幻覺。

轉職最大的心魔是「這個圈子這麼小，離開這裡，我還能去哪裡？」用不著別人對你勒索，想到要償還人情債的巨額高利貸，再多的職場冷暴力，也得吞下去了。而「這圈子這麼小」這原本應該讓你毫無留戀的推力，卻反而成了綁住自己，無法離開的繩索。

我反覆從人口結構改變，產業變遷的角度看待，我想強調，現在已經是個公司比員工短命的年代，追求自我實現，打造個人的品牌，成為「職場自由人」，才是遠離職場冷暴力一條真正活路。

成為職場自由人，並不是什麼崇高的理想。不過，在你還沒有成為職場自由人之前，「那些殺不死我的，會越來越強大」，而且「那些我殺不死的，還會一直讓我更火大」。

給下定決心離職的處方箋：離職守則裡的職場智慧

「做為戰鬥團隊的業務處怎麼可以這樣！兩個祕書同時請超過一年的育嬰假就算了。那幾個業績超爛的經理，年度企劃一個字都沒寫就跳槽走人。老闆只想當濫好人，每次高層會議都報喜不報憂。聽說公司還對離職潮視而不見，打算遇缺不補。」

Alice氣憤地放下狠話：「這種爛公司，我竟然待了十二年。這次，真的不幹了！」

在這高度競爭時代，離職不只是職場新鮮人的苦惱，也是中高階主管們經常要面對的家常便飯。企業界的離職潛規則中，蘊含了許多職場智慧的結晶。請仔細想想以下三條最重要的離職守則，有助於在現在或是未來的工作中，讓你找到更好的自己。

在離職前談好下一份工作，並且已經簽約

一份有挑戰性的工作，絕對會遇到難熬的「撞牆期」。當情緒低潮一段時間，卻仍無法突破瓶頸的時候，你應該做的三部曲是：尋求協助、放長假、找下一份工作；而不是立刻寫辭呈。

大部分人起了離職念頭的，都是想要結束痛苦，而不是真的想要結束這份工作。全心投入工作的你，應該累積了不少假。既然都想要離開公司，不如先放個長假，試著擺脫負面情緒，重新整理自己。有些心力交瘁的同事會說：「我累了，想休息一陣子，再來找工作。」適當的休息固然重要，但必須慎重考慮比起待業中求職，主管們普遍更喜歡的形象，是在現有的工作中發光發熱而轉換跑道。

很多受盡委屈的員工，想把離職當作改變組織文化的手段，但離職並非兒戲，常把離職掛在嘴邊，當作手段，會帶給同事你不尊重這份工作的形象。同樣的，找下一

份工作時，千萬不要把現在工作的負面情緒，帶入求職面試中。在重視團隊溝通的普世價值下，若非公司的企業文化本就惡名昭彰。整天怨嘆懷才不遇，帶來的幾乎就只是人際關係差、溝通技巧不佳的刻板印象。

公司裡的百般不是，可以是離職的重要原因，但絕對不要讓它成為主要原因。離開現在工作的主因，永遠是因為自己要邁向下一個更好的未來。

所以，在離職前，請確定你的下一份工作，並且已經簽約。

如何和主管談離職？

1. 先寄封「討論生涯規劃」的信給主管

寄一封標題為「想與您討論個人生涯規劃」的信，給最重要的直屬主管，並且在信中約個時間，面對面討論。

見多識廣的主管們看到這樣的信，都知道你準備要離職了，但你還是要體貼地讓主管先有心理準備，好讓這場離職會談，能心平氣和地進行。

2.和主管面談時，必談的兩件事：「離職日」與「工作交接」

一般來說，離職日最好設定與主管面談後的一至兩個月。一來可以縮短同事都知道你要離職的尷尬時期，二來能讓自己與公司都做好交接的準備，而這也符合勞基法的規定（細節可參見勞基法第十五、十六條）。

由於你已經和即將就職的公司簽約確定上班日，因此你自己決定的離職日，與主管協商的結果，應不會超過正負一星期的時間。

此外，最好先寫下一張大約單面A4的工作交接大綱，與主管討論。既顯示自己的辭意已決，也表現自己認真工作到最後一刻的態度。

3.別冀望用離職來尋求改變

離職面談時，主管可能會慰留、離情依依地敘說共事的點點滴滴，主管也可能會虛心請教公司的缺點和有待改進的制度，但**請記得，想改變組織與團隊，就得在你還在公司時努力改變，用離職來尋求改變，是下下之策。**

職場的關係有時候和感情很像。一段經常要用分手，甚至以死相逼的感情，是很難延續的。同樣的道理，要等到員工集體出走，才改善問題的團隊，絕對是弊病叢生已久的公司。

告訴同事「我要離職」，必須注意哪些細節

一定要與主管面談後，再告訴同事，這不只是對主管的禮貌，也是職場倫理。

一般離職常常是「跳槽」到另一家可能與現在有競爭關係的公司，因此保密相當重要。一般來說，不需要，也不應該在踏進下一家公司的大門之前，告訴自己的主管或任何一位同事，自己將要跳槽的公司，以免節外生枝。

另一種例外的情況則是，自己將轉換到另一個不同類型的產業，而未來的單位與現在的工作可能有高度合作的機會。例如從產業界回到學界，將來有促成產學合作的高度可能性。這時，則可以和現在的主管討論未來的去處，但要更謹慎地規劃溝通的橋梁，以及促成未來合作的管道。

在這個企業比員工短命的年代，在同一個單位待一輩子，已經是落伍、過時的觀念。準備離職、面對離職、學習離職守則裡蘊含的經驗與智慧，是迎接更好未來的必修課題。

國家圖書館預行編目資料

職場冷暴力／林煜軒著. ——初版. ——臺北市；
寶瓶文化, 2019. 03
面；　公分, ——（vision；175）
ISBN 978-986-406-153-2（平裝）

1. 職場成功法 2. 人際關係
494. 35　　108003266

Vision 175
職場冷暴力

作者／林煜軒博士 醫師

發行人／張寶琴
社長兼總編輯／朱亞君
副總編輯／張純玲
資深編輯／丁慧瑋　編輯／林婕伃・周美珊
美術主編／林慧雯
校對／張純玲・陳佩伶・劉素芬・林煜軒
營銷部主部／林歆婕
財務主任／歐素琪　業務專員／林裕翔　企劃專員／李祉萱
出版者／寶瓶文化事業股份有限公司
地址／台北市110信義區基隆路一段180號8樓
電話／(02) 27494988　傳真／(02) 27495072
郵政劃撥／19446403　寶瓶文化事業股份有限公司
印刷廠／世和印製企業有限公司
總經銷／大和書報圖書股份有限公司　電話／(02) 89902588
地址／新北市五股工業區五工五路2號　傳真／(02) 22997900
E-mail／aquarius@udngroup.com

著作完成日期／二〇一八年一月
初版一刷日期／二〇一九年三月
初版二刷日期／二〇一九年三月二十一日
ISBN／978-986-406-153-2
定價／三〇〇元

愛書人卡

感謝您熱心的為我們填寫，
對您的意見，我們會認真的加以參考，
希望寶瓶文化推出的每一本書，都能得到您的肯定與永遠的支持。

系列：Vision 175　**書名：職場冷暴力**

1. 姓名：＿＿＿＿＿＿＿＿＿　性別：□男　□女
2. 生日：＿＿＿年＿＿＿月＿＿＿日
3. 教育程度：□大學以上　□大學　□專科　□高中、高職　□高中職以下
4. 職業：＿＿＿＿＿＿＿＿
5. 聯絡地址：＿＿＿＿＿＿＿＿＿＿＿＿＿＿＿＿＿＿＿＿＿＿＿＿＿＿

   聯絡電話：＿＿＿＿＿＿＿＿＿　手機：＿＿＿＿＿＿＿＿＿
6. E-mail信箱：＿＿＿＿＿＿＿＿＿＿＿＿＿＿＿＿＿＿＿

   □同意　□不同意　免費獲得寶瓶文化叢書訊息
7. 購買日期：＿＿＿ 年 ＿＿＿ 月 ＿＿＿日
8. 您得知本書的管道：□報紙／雜誌　□電視／電台　□親友介紹　□逛書店　□網路

   □傳單／海報　□廣告　□其他
9. 您在哪裡買到本書：□書店，店名＿＿＿＿＿＿　□劃撥　□現場活動　□贈書

   □網路購書，網站名稱：＿＿＿＿＿＿＿　□其他＿＿＿＿＿＿
10. 對本書的建議：（請填代號　1. 滿意　2. 尚可　3. 再改進，請提供意見）

    內容：＿＿＿＿＿＿＿＿＿＿＿＿＿＿

    封面：＿＿＿＿＿＿＿＿＿＿＿＿＿＿

    編排：＿＿＿＿＿＿＿＿＿＿＿＿＿＿

    其他：＿＿＿＿＿＿＿＿＿＿＿＿＿＿

    綜合意見：＿＿＿＿＿＿＿＿＿＿＿＿＿＿＿＿＿＿＿＿＿＿＿＿＿＿＿＿＿＿＿＿
11. 希望我們未來出版哪一類的書籍：＿＿＿＿＿＿＿＿＿＿＿＿＿＿＿＿＿＿＿

讓文字與書寫的聲音大鳴大放

寶瓶文化事業股份有限公司

（請沿此虛線剪下）

廣 告 回 函
北區郵政管理局登記
證北台字15345號
免貼郵票

寶瓶文化事業股份有限公司收

110台北市信義區基隆路一段180號8樓

8F,180 KEELUNG RD.,SEC.1,

TAIPEI.(110)TAIWAN R.O.C.

（請沿虛線對折後寄回，或傳真至02-27495072。謝謝）